《プロのノウハウ》

建築現場の
コンクリート技術

柿﨑正義・玉水新吾 著　日本建築協会 企画

学芸出版社

推薦の言葉

　最近のテレビ・新聞等のニュースを見ていると、建築工事の不具合による欠陥建物のことがよく報じられている。これは工事費が次々と削減される**"下請け制度"**も理由になっていると思われる。

　最近の建築紛争の内容を見ると、現場技術者・作業員の知識・技術の低下に加えて、設計管理、施工管理が極めて不十分であることがわかる。とにかくコンクリートの建物を設計通りに造るには、工事内容、項目が多岐にわたり、鉄筋及びコンクリートの材料そのものから、各施工段階でのいろいろな知識、経験が極めて重要となる。たとえ部分的作業の担当者であっても、工事全体の位置付けを理解しておくことが必要不可欠である。

　ドイツには、その作業者の技術レベルを位置付ける**"マイスター制度"**があって、常に熟練工への道筋が整えられている。日本の**"技術・知識の伝承、モラルの伝承"**はどうなっているのであろうか。それは不十分であると言わざるを得ない。

　本書はこれらの観点に立って、建築現場の管理者・作業員の的確な関連知識の把握とその技術の**"伝承"**を容易にするためにまとめられたものである。すなわちコンクリート建物の設計施工に関連する仕様書、基規準、指針等に基づき、さらに著者らのこれまでの貴重な実務経験を生かして、詳細に、しかも誰にもわかりやすく解説しているので、技術参考書であると同時に種々の紛争問題を解決に導いてくれる貴重な本であるといえる。

　　　　　　　鈴木計夫（大阪大学名誉教授、日本建築学会名誉司法会員）

はじめに

　現代の建築現場では、必ずコンクリートが使用され、建築に携わる技術者は、コンクリートについて学校で学び、また各種資格取得を目指す際に勉強しているわけですが、現実に現場で現物を見ると、判断に迷うこともあります。その経験を積み重ねることによって、初めて一人前の技術者に成長していくわけです。

　建築の技術者は、仕事が忙し過ぎて、勉強時間を確保しにくい場合が多いです。疑問に思っても、すぐに調べられない場合、教えてもらう適切な人がいない場合もあります。ベテランと呼ばれる年齢になりますと、今さら人に聞くこともできません。

　本書は、建築の基本であるコンクリートに絞って、技術者として知っておくべき知識、さらに建築紛争に対処するための知識を提供しています。忙しい仕事の合間に目を通していただくことで、もっている知識の再確認、新たな知識の吸収に役立つものと思います。

　建築業界に入ると、多くの建築主と接することになります。その過程で、多くの職種の、多くの職方とも接します。工事監理者は、建築主・職方に対し、それぞれ適切な説明を行い、説得する必要があります。

　建築は必ず、材料誤差・施工誤差を伴い、バラツキがありますが、遵守すべき基準も多くあります。基準を知った上で、妥当な判断を行わなければなりません。より妥当な判断ができる技術者になってほしいと願って、本書をまとめました。これを契機に、さらなる向上をし、有能な技術者に成長してほしいと願っています。

目次

推薦の言葉 …………………………………………………………… *2*
はじめに ……………………………………………………………… *3*

第1章　コンクリートの基本知識

1-1　コンクリートの種類と特徴 ………………………………… *8*
1-2　コンクリートはなぜ固まるか ……………………………… *11*
1-3　運搬・施工から補修までの流れ …………………………… *12*

第2章　コンクリートの発注

2-1　生コンクリートの注文の仕方 ……………………………… *20*
2-2　工場調査 ………………………………………………………… *28*
2-3　運搬方法の注意点 …………………………………………… *33*

第3章　コンクリートの品質管理と調合（配合）

3-1　耐久性 …………………………………………………………… *40*
3-2　コンクリート強度論 ………………………………………… *47*
3-3　流動化剤とJIS表示 …………………………………………… *48*
3-4　空気量 …………………………………………………………… *57*
3-5　コンクリートの調合と配合 ………………………………… *61*
3-6　骨材・混和材料（結合材含む）……………………………… *67*
3-7　塩化物含有量 ………………………………………………… *72*
3-8　コンクリートの強度推定式と限界強度 …………………… *76*

第4章 コンクリートの打込み

- **4-1** 打込み準備 …… 78
- **4-2** 鉄筋・せき板の組立て …… 82
- **4-3** 打込み前の配筋検査 …… 90
- **4-4** 加工寸法と許容差 …… 94
- **4-5** かぶり厚さ …… 98
- **4-6** コンクリートの打継ぎ位置 …… 105
- **4-7** 継手と定着 …… 108
- **4-8** 打込み時間と打重ね時間 …… 118
- **4-9** コンクリートの打継ぎと打重ね …… 123
- **4-10** タンピングの重要性 …… 132
- **4-11** バイブレーターによる締固め …… 138
- **4-12** 施工の不具合 …… 145
- **4-13** 型枠によるコンクリート硬化不良の防ぎ方 …… 153
- **4-14** どの程度の雨なら打込みできるか …… 157
- **4-15** せき板・支保工取り外しのタイミング …… 163
- **4-16** 湿潤養生の目的と方法 …… 171

第5章 工事のトラブル事例

- **5-1** 配筋検査を実施せずにコンクリートを打ち込んだ …… 178
- **5-2** 生コンクリートに現場で水を加えた …… 181
- **5-3** 使用するコンクリートの圧縮強度が不足した …… 185
- **5-4** せき板存置期間と湿潤養生期間を守らなかった …… 187
- **5-5** アンカーボルトの位置がずれていた …… 189
- **5-6** ベースコンクリートの寸法が不足していた …… 191
- **5-7** RC造の建物に結露が発生した …… 193
- **5-8** 基礎コンクリートがひび割れしていた …… 195

第6章 コンクリートの劣化と検査・維持補修

6-1 構造体の耐久性能(計画供用期間)·················204
6-2 基礎コンクリートから発生する水分·················206
6-3 中性化·················209
6-4 エフロレッセンス現象を少なくするには·················210
6-5 ひび割れと補修·················212

参考文献·················215
おわりに·················217

コンクリートの基本知識

1-1 コンクリートの種類と特徴

(1)コンクリートの構成材料

コンクリートは、水+セメント+細骨材（砂）+粗骨材（砂利）、さらに、若干の混和剤（材）を加えてつくられます。適量の水とセメントを混ぜ合わせた混和物は**セメントペースト**、それに細骨材（砂）を練り混ぜたものを**モルタル**、さらに粗骨材（砂利）を加えたものが**コンクリート**となります。混和物はセメントと水が時間の経過とともに、水和反応を起こし、強度が発現します。

コンクリートは、水が少なければ少ないほど、硬ければ硬いほど良いコンクリートです。しかし、そこには「施工性の許す範囲内」という前提条件があります。すなわち、施工性確保のための余分な水を含んでいることになります。

(2)セメント

セメントの特性と用途をまとめたものが表1です。**ポルトランドセメント**は、石灰石・粘土などを1450℃で焼成したクリンカーと呼ばれるものに、石こうを混ぜて粉砕して製造します。セメントは貯蔵期間が長いと、水分やCO_2を吸収して、風化が進行し、その品質が低下します。セメントには鮮度が必要と言えます。

混合セメントとは、ポルトランドセメントを減らして、高炉スラグ・フライアッシュ・シリカなどを加えたもので、A種→B種→C種の順に混合割合が増加します。セメントの量が少なくなるということは、水和反応が少なく、水和熱が少ないため、強度の発現が遅く、アルカリ性も低く、中性化しやすくなります。一方、乾燥収縮は少なく、アルカリ骨材反応抑制効果がありますので、用途に応じ

て採用します。強度は水セメント比を小さくして調整します。

表1　セメントの特性と用途

種類	特性	代表的用途
普通ポルトランドセメント	一般的セメント	一般のコンクリート工事
早強ポルトランドセメント	普通ポルトランドセメントよりも強度発現が早い。低温でも強度発現する。	冬季工事　緊急工事
混合セメントB種　高炉スラグ・フライアッシュ・シリカ	初期強度は小さいが長期強度は大きい。化学抵抗性が大きい。水和熱が小さい。	マスコンクリート　水中・地下構造物

(日本建築学会『建築工事標準仕様書・同解説 JASS5 鉄筋コンクリート工事2015』p.215)

(3) 細骨材と粗骨材

　細骨材とは5mmふるいで85％以上通過し、10mmふるいで100％通過する粒径です。粗骨材とは5mmふるいで85％以上残る粒径を言います。これらの普通骨材の密度は2.5〜2.8g/cm³です。建築工事では、粗骨材の最大寸法（質量で骨材の90％以上通るふるいの最小寸法）として、20mmと25mmが一般に使用されます。微粒分量試験（洗い試験の泥分含有量）によって失われる量は、粗骨材で1.0％以下、細骨材で3.0％以下と規定されています。骨材形状は、球形に近い方が、扁平なものよりもワーカビリティー（作業性）が良いです。

(4) 骨材中の不純物

　不純物の含有量はそれぞれ単位が異なり、ややこしいですが、次の①〜④がJASS5に規定されています。塩分の含有量は増加してもコンクリートの強度自体には影響が少ないとされていますが、鉄筋を錆びさせるため、耐久性の低下に影響します。

　①砂の塩分含有量は、NaCl換算で、計画供用期間が短期・標準では0.04％以下（特記により0.1％以下まで使用できる）、長期・

超長期では 0.02％以下とします。

②練混ぜ水の塩化物イオン量は 200ppm 以下とします。なお ppm は 100 万分の 1 の単位ですので、0.02％、200mg/ℓ、200g/m^3 と表現されることもあります。

③コンクリートとしての総量規制ですが、塩化物イオン量として、0.30kg/m^3（鉄筋防錆上有効な対策を講ずれば、0.60kg/m^3）以下とします。

④アルカリ骨材反応対策として、アルカリ量の総量を Na$_2$O 換算で 3.0kg/m^3 以下とします。

(5) 混和剤（AE 剤）

多数の独立した空気の泡をコンクリートに混入する薬剤です。空気の泡はコンクリートの流動性を改善し、ワーカビリティーが良くなります。また、圧縮強度は空気の泡の分だけ低下することになりますが、流動性がよくなるため、水を少なくすることができます。このことから、強度は低下しないことになります。

AE 剤により連行される空気を「**エントレインドエア**」と呼び、コンクリート中に空気の微細な泡が多数入ります。水は凍結すると体積が 9％膨張しますが、その膨張圧を空気の泡が吸収します。それは微細な空気の粒子と粒子の間隔が狭くなるからです。膨張圧の吸収により、耐凍結融解性能は 10 倍にアップします。AE 剤によらない通常の空気は、「**エントラップトエア**」と呼び、空気の泡が大きく、大きな空気の粒子と粒子の間隔が広くなり、膨張圧を吸収できません。

I-2 コンクリートはなぜ固まるか

　コンクリートの硬化は、セメントの水和結晶の成長で進みます。セメントに対し反応する水は、その重量の約25％の水が「**結合水**」となり、化学的に結合します。約15％の水は「**ゲル水**」として吸着しますので、合わせてセメントの重量の約40％の水と反応することになります。つまり水セメント比（W/C）約40％が、最高の品質のコンクリートということになります。

　コンクリートの水セメント比は65％以下という基準があり、通常50〜65％が使用されます。施工性を確保するために、硬化に不要な「**遊離水**」（自由水・余剰水ともいう）が含まれているのです。現実に水セメント比40％では硬すぎて施工が困難となります。また、遊離水の多くは、硬化後に空隙となり、ひび割れの原因の一つになりますので、湿潤養生を長く行うほど、条件はよくなります。

　コンクリートは化学反応により硬化します。反応速度は温度の影響を受け、温度が高いほど早く硬化します。強度は配（調）合の影響も受け、水セメント比が小さい（強度が高い）ほど早く硬化します。

　また、セメントの主成分は、珪酸系化合物の珪酸三カルシウム（C_3S、エーライトと呼ぶ）及び珪酸二カルシウム（C_2S、ビーライトと呼ぶ）です。コンクリート強度は、主にこれらの水和物の強度です。珪酸系の化合物は、水と反応して水和物の他に水酸化カルシウムを生成します。したがってコンクリートは、pH12.5という強アルカリ性になります。コンクリート内部の鉄筋はアルカリ性の環境では錆びないため、コンクリートがアルカリ性であることはメリットになります。

I-3 運搬・施工から補修までの流れ

(1)コンクリートの運搬
1)コンクリートポンプを用いる場合

　生コン工場の選定は、同一打込み工区に2つ以上の工場からのコンクリートが打ち込まれないようにします。施工に不具合が生じた場合は、責任の所在を明らかにできなくなるからです。

　表1は、粗骨材の最大寸法に対する輸送管の呼び寸法の規定です。通常の建築で使用されるポンプの内径は100mmで、粗骨材の最大寸法は20mm・25mmです。40mmや人工軽量骨材を使用すると詰まりやすくなります。そのときには1ランク上の内径125mmを採用することが必要です。

表1　粗骨材の最大寸法に対する輸送管の呼び寸法

粗骨材の種類	粗骨材の最大寸法（mm）	輸送管の呼び寸法（mm）
人工軽量骨材	15	125A以上
普通骨材	20	100A以上
	25	100A以上
	40	125A以上

(日本建築学会『建築工事標準仕様書・同解説 JASS5 鉄筋コンクリート工事2015』p.24)

　コンクリートの圧送は、本工事に先立ち、富調合のモルタルを圧送して、配管内面の潤滑性を付与し、コンクリートの品質変化を防止します。先送りモルタルの品質の変化した部分は、せき板内に打ち込まないで、廃棄します。打ち込む場合には、使用するコンクリートよりも3N/mm²強度の高いものや水セメント比を5%程度下げたものを使用します。なお、圧送中に閉塞したコンクリートは廃棄します。運搬及び打込みの際に、水を加えてはなりません。建築基

準法第37条違反となります。当然、コンクリートの圧縮強度は、水セメント比に影響されるため、大幅に低下します。その場合には流動化剤を添加してスランプを回復させる方法もありますが、実施するときには工事監理者の承認を必要とします。

2）シュートを用いる場合

シュートは原則として縦型シュートを使用しますが、縦型フレキシブルシュートを用いる場合は、投入口と排出口との水平距離は垂直高さの1/2以下とします。斜めシュートを用いる場合は、傾斜角度を30度以上とします。いずれもコンクリートの分離を避けるためです。

(2) コンクリートの打込み

練混ぜから打込み終了までの時間は、高強度コンクリート・高流動コンクリートについては、外気温にかかわらず120分以内とします。それは時間経過による劣化が少ないためです。

表2　コンクリートの時間管理

外気温	25℃未満	25℃以上
打込み継続中における打重ね時間間隔 （コールドジョイント対策）	150分以内	120分以内
練混ぜから打込み終了までの時間 （品質管理上必要）	120分以内	90分以内

（日本建築学会『建築工事標準仕様書・同解説 JASS5 鉄筋コンクリート工事2015』p.269、275）

生コンは時間管理が重要ですから、近くの生コン工場に発注することが重要となります。表2は時間の基準をまとめたものです。打込みの留意点としては、

① ポンプ工法による打込み速度は、良好な締固めができる範囲として、20～30m^3/hを目安とします。

② 打込みの位置は、コンクリートが分離（砂利だけ鉄筋に当り残

る）しないように、横流しを避けて原則 3m 内外の間隔で落とし込みます。自由落下高さについても、打込み面近くに打ち込むと分離しにくくなります。

(3)コンクリートの締固め

①締固めは、公称棒径 45mm 以上のコンクリート棒形振動機（バイブレーター）で、打込み各層に用い、下層に 10cm 程度鉛直に挿入します。挿入間隔は 60cm 以下とします。

②バイブレーターの振動時間は、コンクリートの上面にセメントペーストが浮き上がるまでとします。締固め時間は、壁及び梁・柱で異なりますので、目安として 1 ヶ所あたり 5～15 秒とされています。型枠振動機の場合は、加振時間は 1～3 分とします。

③バイブレーターは鉄筋になるべく触れないようにします。スペーサーの脱落が生じた場合には、打込みを中断して、修正します。

(4)コンクリートの打継ぎ

打継ぎは構造上の弱点となるために、曲げ応力の小さいところで打ち継ぎます。

①梁・床スラブ及び屋根スラブの鉛直打継ぎ部は、スパンの中央、又は端から 1/4 の位置に設けます。

②柱・壁の水平打継ぎ部は、床スラブ・梁の下端、又は床スラブ・梁・基礎梁の上端に設けます。

③片持ち床スラブなどの跳ね出し部は、条件が悪くなるために、支持する構造体部分と一体化させて打ち込むことを基本として、打継ぎを設けることはできません。

(5) せき板の存置期間 (解体)

1) 垂直 (基礎・梁側・柱・壁) せき板

　せき板の存置時期をコンクリートの圧縮強度で判定する場合は、計画供用期間の級が短期・標準の場合に 5N/mm² 以上、長期・超長期の場合に 10N/mm² 以上に達すれば解体することができます。ただし、せき板の取り外し後、湿潤養生しない場合は、それぞれ 10N/mm² 以上、15N/mm² 以上に達するまでせき板を存置します。高強度コンクリートの場合は 10N/mm² 以上とされています。

　存置期間の材齢の平均気温が 10℃ 以上であった場合は、表3の日数以上で取り外しができます (計画供用期間の級が短期・標準の場合)。

表3　垂直せき板の存置期間を定めるコンクリートの材齢

セメントの種類　　　　　　　平均気温	早強ポルトランドセメント	普通ポルトランドセメント 混合セメントA種	混合セメントB種
摂氏 20℃ 以上	2日	4日	5日
摂氏 10℃ 以上 20℃ 未満	3日	6日	8日

(日本建築学会『建築工事標準仕様書・同解説 JASS5 鉄筋コンクリート工事 2015』p.31)

2) 水平 (スラブ下・梁下) せき板

　建設省告示では、コンクリートの圧縮強度が設計基準強度の 50% に達すれば、解体することができます。JASS5 では、スラブ下・梁下のせき板は、支保工取り外し後に解体することができます。建設省告示は、4-15「せき板・支保工取り外しのタイミング」の表1に示します。

3) スラブ下の支柱

　建設省告示では、コンクリートの圧縮強度が設計基準強度の 85% に達すれば、解体することができます。JASS5 では、コンクリート

の圧縮強度が設計基準強度の100%に達すれば、解体することができます。これは、スラブの場合、梁に比べてせいが小さく、鉄筋比も小さいため、剛性の低下が著しく、有害なたわみの原因となりかねないことなどを考慮したものです。

4) 梁下の支柱

建設省告示・JASS5ともに、コンクリートの圧縮強度が設計基準強度の100%に達すれば、解体することができます。

存置日数により、スラブ下の支柱を取り外す場合は、表4によります（告示）。コンクリートの圧縮強度は材齢28日（4週）で判断することになっていますので、強度100%ということは材齢28日を意味します。梁下の支柱の解体は、28日よりも短縮できません。

表4　スラブ下の支柱の材齢による存置日数（日）

存置期間 平均気温 \ セメントの種類	早強ポルトランド セメント	普通ポルトランド セメント 混合セメントA種	混合セメントB種
摂氏15℃以上	8	17	28
摂氏5℃以上15℃未満	12	25	
摂氏5℃未満	15	28	

(昭和63年建設省告示第1655号)

なお、3) 4) の支柱の解体は、コンクリートの圧縮強度が、12 N/mm^2（軽量骨材使用の場合は9 N/mm^2）以上あり、かつ、構造計算により安全が確認された場合に、解体することが可能です（告示）。ただし、片持ち梁・庇の解体は、設計基準強度の100%に達すれば可能です（JASS5）。

5) 支柱の盛替え

支柱の「盛替え」とは、支柱をいったん取り外して、スラブ下・梁下のせき板を外した後に、再び支柱を立てて躯体を支持すること

です。同時に多数の支柱の盛替えはできません。振動や衝撃も不可です。この盛替えに対して、スラブ下のせき板・支柱は設計基準強度のそれぞれ 50%、85%で外すことができます。

(6)コンクリートの養生

コンクリート強度を確保するには湿潤養生が重要です。強度は養生を継続すると、数年間にわたって少しずつ上昇します。湿潤養生を打ち切ると、強度上昇はありません。必要な湿潤養生期間は、日数（表5）と強度（表6）のどちらかで判断します。

表5　湿潤養生期間

セメントの種類 \ 計画供用期間の級	短期 標準	長期 超長期
早強ポルトランドセメント	3日以上	5日以上
普通ポルトランドセメント	5日以上	7日以上
中庸熱・混合セメントほか	7日以上	10日以上

（日本建築学会『建築工事標準仕様書・同解説 JASS5 鉄筋コンクリート工事 2015』p.27）

表6　湿潤養生を打ち切ることができるコンクリートの圧縮強度（JASS 5T-603）

セメントの種類 \ 計画供用期間の級	短期 標準	長期 超長期
早強ポルトランドセメント 普通ポルトランドセメント 中庸熱ポルトランドセメント	10N/mm² 以上	15N/mm² 以上

（日本建築学会『建築工事標準仕様書・同解説 JASS5 鉄筋コンクリート工事 2015』p.27）

計画供用期間の級が短期・標準の場合、湿潤養生期間の強度が 10N/mm²、せき板存置期間の強度が 5N/mm²（p.15）ということはせき板をはずした後でも、湿潤養生を継続する必要がある場合もあるということです。例えば、せき板存置期間は、普通ポルトランドセメントを使用して、気温が 20℃以上の場合に、4日（表3参照）で外すことができますが、湿潤養生は5日必要です。これらの数値は最低限の数値です。寒冷期では、打込み後、普通ポルトランドセメ

ントで5日間、早強ポルトランドセメントで3日間は温度を2℃以上に保ちます。打込み後5日間は、コンクリート凝結及び硬化が妨げられないように、乾燥や振動は避けなければなりません。

写真1　シート養生の様子

打込み後1日間（24時間）は、その上を歩いたり作業したりしてはいけません。午後にコンクリートを打ち込んだ場合には、翌日でも所要の強度が確保されていないことがあるので、墨出し作業を行うことは不可ということです。

(7) 打込み欠陥部の補修

コンクリートの沈み、粗骨材の分離、ブリーディングなどによる欠陥は、コンクリートの凝結終了前に処置します。「プラスチック収縮ひび割れ」や「沈みひび割れ」は、コンクリート表面にブリーディングが少なくなった状態のときタンピングにより処置します。

(8) 構造体コンクリートの精度

JASS5の構造体の位置及び断面寸法の許容誤差の標準値は表7の通りです。

表7　構造体の位置及び断面寸法の許容差の標準値

項目		許容差
位置	設計図に示された位置に対する各部材の位置	± 20mm
構造体及び部材の断面寸法	柱・梁・壁の断面寸法	－ 5mm ＋ 20mm
	床スラブ・屋根スラブの厚さ	
	基礎の断面寸法	－ 10mm ＋ 50mm

(日本建築学会『建築工事標準仕様書・同解説　JASS5 鉄筋コンクリート工事 2015』p.9)

コンクリートの発注

2-1 生コンクリートの注文の仕方

(1) 生コンによるコンクリート施工の要点

生コンを用いてコンクリートを施工する場合の要点は、

① 設計図書によるコンクリート工事に関する事前検討
② 施工計画の立案
③ 生コン工場の選定
④ 生コンの契約と発注
⑤ 生コンの運搬計画
⑥ 現場内の運搬・打込み計画と管理計画

などがあり、事前に十分な検討をしなければなりません。

(2) 生コン工場の選定

施工者は、工事現場周辺にある生コン工場を調査して、登録販売店又は生コンクリート協同組合（以下、協同組合）加盟店の中から工場を選定して、生コンを発注します。

現在、全国的には、協同組合による共同販売方式（**販売店方式**）又は直接販売店方式（**直販方式**）がとられています。契約量がある量以上の場合は、協同組合で割り当てられた数工場から工事現場に生コンが納入されるようになっています。したがって、このような契約方式をとった場合には、原則的に施工者が特定の生コン工場を指定することはできないことになります。

しかし、施工者は、高耐久性コンクリートや高強度コンクリートなどの仕様で、次の場合、協同組合と協議して、選定した生コン工場から生コンを納入することもできるようになっています。

① 特に安定した品質が要求される場合

②生コン工場から工事現場までの生コンの運搬時間の制約条件が厳しい場合

③発注者が特に特定の生コン工場を指定したい場合

このとき、生コンの品質保証が重要な問題であり、生コンが共同販売事業制（以下、共販制）をとり、各地の生コン工業組合や協同組合が自主品質管理監査制度を設けて、組合員（工場）の品質監査を実施して品質保証に努力しています。

工事の内容によっては、生コン工場が限定される場合もありますが、施工者は技術的な観点から十分に検討して、無理な工場を選定しないようにしなければなりません。生コン工場は、次の条件に適合するものの中から選定します。

レディーミクストコンクリートを使用する場合は、原則として、使用するコンクリートが第三者機関によってJIS A 5308に認証されている製品（JISマーク表示製品）を製造している工場を選定します。協同組合加盟の生コン工場は、多くがJISマーク表示製品工場ですから、通常は問題になりません。

生コン工場には、コンクリート技術に関して知識経験を有すると認められる技術者（一級及び二級建築士、技術士［コンクリートを専門とするもの］、一級及び二級［仕上げを除く］建築施工管理技士、一級及び二級土木施工管理技士、コンクリート主任技士又はコンクリート技士）あるいはコンクリート技術に知識経験を有する技術者が常駐することが要求されています。

運搬は、生コン工場でコンクリートの練混ぜを開始してから外気温25℃以上のとき90分以内に打込みを終了できるようにしなければなりません。つまり遠方の生コン工場には発注できないことにな

ります。ただし、購入者と協議のうえ、運搬時間の限度を変更することはできます。

(3) 生コンクリートの流通経路

　最近は、生コン業界の体質改善が図られ、協同組合による生コンの共販制の組織化が進められています。購入者（発注者、施工者）が生コンを発注・契約する場合は、一般に次のような流通経路をとっています。

　大都市では販売店方式が大部分で、発注者→卸商協同組合（卸協）→販売店→生コンクリート協同組合（生協）→組合員（生コンメーカー）、地方の中小都市では直販方式が多く、発注者→生コンクリート協同組合（生協）→組合員（生コンメーカー）という流れです。

　なお、共販制度が実施されていないところでは、発注者→特約販売店→生コンメーカー、発注者→生コンメーカーとなります。

　販売店方式では、契約は発注者と販売店、及び販売店と生コン協同組合との間で行われ、販売店には得意先ごとに担当者がいます。協同組合での生コンメーカーへの割当ては、契約がある量以上（関東では約 $2000m^3$ 以上）の場合は、原則として2工場に割り当てています。原則的には、発注者は、生コンメーカーを指定して発注することはできません。

(4) 生コンクリートの発注と契約

　施工者は、打込み時の生コンの所要の品質から、荷卸し地点における生コンの品質を明確にし、この品質の生コンが得られるように、JISの規定に基づいて、生コンの使用材料、その他の指定条件、配合設計条件、検査・試験方法などの個別注文条件の明細を提示します。登録販売店（又は協同組合の担当者）は、施工者とよく打ち合わせ、

注文しようとする生コンの品質が適合するかどうか確認します。特にJISでは、指定事項（表1）を明確にしないと、品質の区分や内容も明らかにならないので、契約できないことになります。

JISでは適用範囲の項に「荷卸し地点まで配達される」生コンについて規定するとあります。したがって、施工者が生コンを発注する際には、荷卸し地点（一般的にコンクリートポンプ車のホッパー）でどのような生コンであれば、設計図書で指定されたコンクリートに仕上がるのかを考慮しなければなりません。

表1　指定及び協議事項（JIS A 5308：2014）

a）セメントの種類
b）骨材の種類
c）粗骨材の最大寸法
d）アルカリシリカ反応抑制対策の方法
e）骨材のアルカリシリカ反応性による区分
f）呼び強度が36を超える場合は、水の区分
g）混和材料の種類及び使用量
h）品質の項で定める塩化物含有量の上限値と異なる場合は、その上限値
i）呼び強度を保証する材齢
j）品質の項で定める空気量と異なる場合は、その値
k）軽量コンクリートの場合は、軽量コンクリートの単位容積質量
l）コンクリートの最高温度又は最低温度
m）水セメント比の上限値[注1]の上限
n）単位水量の目標値[注2]の上限
o）単位セメント量の目標値[注3]の下限又は目標値[注3]の上限
p）流動化コンクリートの場合は，流動化する前のレディーミクストコンクリートからのスランプの増大量（購入者がd）でコンクリート中のアルカリ総量を規制する抑制対策の方法を指定する場合、購入者は、流動化剤によって混入されるアルカリ量（kg/m^3）を生産者に通知する。
q）その他必要な事項

注1）配合設計で計画した水セメント比の目標値。
　2）配合設計で計画した単位水量の目標値。
　3）配合設計で計画した単位セメント量の目標値。

施工者は、生コンを発注する場合、JISの「種類」からコンクリートの種類、粗骨材の最大寸法、スランプ又はスランプフロー、呼び強度の組合せ（表2）などを指定します。

コンクリートの呼び強度値は、工事現場の打込み時の外気温によって大きく異なります。材齢28日（4週）の、品質基準強度に、構造体強度補正値（表4、気温による補正値、及び構造体コンクリートの強度と供試体の強度との差を考慮した割増しを加えた値）をプラスします。

表2　レディーミクストコンクリートの種類

コンクリートの種類	粗骨材の最大寸法 (mm)	スランプ又はスランプフロー注 (cm)	呼び強度													
			18	21	24	27	30	33	36	40	42	45	50	55	60	曲げ4.5
普通コンクリート	20、25	8、10、12、15、18	○	○	○	○	○	○	○	○	—	—	—	—	—	—
		21	—	○	○	○	○	○	○	○	—	—	—	—	—	—
	40	5、8、10、12、15	○	○	○	○	○	○	○	—	—	—	—	—	—	—
軽量コンクリート	15	8、10、12、15、18、21	○	○	○	○	○	○	○	○	—	—	—	—	—	—
舗装コンクリート	20、25、40	2.5、6.5	—	—	—	—	—	—	—	—	—	—	—	—	—	○
高強度コンクリート	20、25	10、15、18	—	—	—	—	—	—	—	—	—	○	○	—	—	—
		50、60	—	—	—	—	—	—	—	—	—	—	○	○	○	—

注）荷卸し地点の値であり、50cm及び60cmはスランプフローの値である。　　　　　　（JIS A 5308：2014）

生コン工場に発注する際の呼び強度の強度値を規定するための品質基準強度、調合管理強度及び調合強度の定め方を示します。

品質基準強度（F_q）は、設計基準強度（F_c）と、耐久設計基準強度（F_d）の大きい方の値とします（表3）。

表3　コンクリートの耐久設計基準強度

計画供用期間の級	計画供用期間	耐久設計基準強度
短期	およそ30年	18 N/mm^2
標準	およそ65年	24 N/mm^2
長期	およそ100年	30 N/mm^2
超長期	およそ200年	36 N/mm^2

（日本建築学会『建築工事標準仕様書・同解説 JASS5 鉄筋コンクリート工事2015』p.10）

(5) 調合管理強度の定め方

$F_m = F_q + {}_mS_n$

F_m : コンクリートの調合管理強度 (N/mm²)

F_q : コンクリートの品質基準強度 (N/mm²)

${}_mS_n$: 構造体強度補正値 (N/mm²)(表4参照)

表4 構造体強度補正値

普通ポルトランドセメント	コンクリートの打込みから材齢28日までの予想平均気温 θ の範囲(℃)	
	$8 \leq \theta$	$0 \leq \theta < 8$
構造体強度補正値 (N/mm²)	3	6

注) 暑中期間における構造体強度補正値は 6N/mm² とする。

(日本建築学会『建築工事標準仕様書・同解説 JASS5 鉄筋コンクリート工事 2015』p.18)

表4の補正を加えた調合管理強度で、生コン工場に発注します。

(6) 調合強度の定め方

調合強度は発注したコンクリートに対し、生コン工場で、過去の実績をもとに割り増して、余裕をもってつくります。

調合強度は、標準養生した供試体の材齢 m 日における圧縮強度で表すものとし、次の式(1)及び式(2)を満足するように定めます。調合強度を定める材齢 m 日は、原則として28日とします。

$F = F_m + 1.73\sigma$ (N/mm²) ……………………………………(1)

$F = 0.85F_m + 3\sigma$ (N/mm²) ……………………………………(2)

F : コンクリートの調合強度 (N/mm²)

F_m : コンクリートの調合管理強度 (N/mm²)

σ : 使用するコンクリートの圧縮強度の標準偏差 (N/mm²)

(7) 呼び強度の定め方

生コンの呼び強度の強度値は、調合管理強度以上とし、呼び強度を保証する材齢は、原則として28日とします。表2の呼び強度は、

生コンの強度区分を示す呼び方で強度の単位はつけません。強度を示す場合は、呼び強度の強度値と言います。施工者は呼び強度を発注する場合、指定した呼び強度がない場合には、安全側をとってランク上（例えば：呼び強度22のときは24）を発注することになります。

(8)生コン発注時の注意事項

次に生コンを発注する場合の注意事項を示します。

①アルカリ骨材反応の抑制方法として、混合セメント（B・C種）を使う場合に、その種類を指定します。

②骨材については、JIS A 5308：2009の「附属書A（規定）レディーミクストコンクリート用骨材」に規定されています。

③スランプはポンプ圧送による変化を見込んで、荷卸し地点における値を指定します。スランプは調合管理強度 $33N/mm^2$ 未満の場合18cm以下で、誤差は±2.5cmとなっています。軽量コンクリートの場合は、圧送条件、調合、骨材のプレウェッチングによって、かなりの範囲で変化します。

④空気量は普通コンクリートの場合4.5％、軽量コンクリートの場合5.0％の値に設定（それぞれ許容誤差±1.5％）されています。寒冷地におけるコンクリートや、特定の空気量を必要とする場合に、その値と許容差を指定します。

⑤海砂を使用する場合、次の規定を厳守します。コンクリート中の塩化物量（塩化物イオン量）については、$0.30kg/m^3$ 以下でなければなりません。ただし、購入者の承認を受けた場合は、$0.60kg/m^3$ 以下とすることができます。

⑥軽量コンクリートの単位容積質量は、JASS 5（鉄筋コンクリー

ト標準仕様書)14.5「調合」の式14.1により求めた気乾単位容積質量を指定します。

⑦高性能AE減水剤の使用にあたっては、使用量によって、コンクリートの凝結時間を遅らせるものがあるので、使用に際しては十分に留意する必要があります。

⑧流動化コンクリートのベースコンクリートの場合は、スランプの増大量を指定します。

⑨コンクリート温度、呼び強度を保証する材齢、耐久性から定めた水セメント比(65%以下であること。特に、ひび割れの制御を意図する場合、60%以下とします。特殊な水密コンクリートや、高強度コンクリートの水セメント比あるいは水結合材比は50%以下とします)や、単位セメント量(270kg/m^{3}以上であること)の限度、単位水量の限度(185kg/m^{3}以下であること。特に、ひび割れの制御を意図する場合、180kg/m^{3}以下とします)を確認します。

なお、住宅会社が独自に認定を取得しているプレファブ工法では、認定取得時期により数値が異なる場合もあります。構造的な強度基準は、後に制定されたものほど、厳しくなってきています。古い建物では、コンクリートの圧縮強度の基準数値より小さな値でも問題ありませんでした。施工者は、生コン工場から提出される生コンクリートの納品書に記載されているこれらの数値を管理しなければなりません。技術者として、これらの認定上の基準数値を認識しておく必要があります。数値を知らないと、判断ができません。

2-2 工場調査

　生コン購入者は、荷卸し地点で指定した品質の生コンが得られればよく、生コンの製造について詳しく知る必要はありません。協同組合と生コン工場が、契約で全責任を負っているからです。しかし、JIS表示許可工場の品質は、国が品質を保証するものでもありません。JIS表示許可工場とは、JIS規格を満足する製品を出荷することができる許可証のようなものですから、直接工場に出向いて調査することも必要です。ここでは生コン工場で行われている原材料や生コンの品質管理試験ならびに、製造工程管理試験の概要と、購入者として注意すべき事項を述べます。

(1) 生コン工場の製造設備
1) 製造設備の規格、規定

　主な製造設備は、原材料受け入れ設備、原材料貯蔵設備、計量設備、材料投入設備、練混ぜ設備、工場内の各種の供給設備、洗車設備、検査設備、各種附属設備、コンクリート運搬車などであり、その様式は多種多様です。JIS表示許可工場の場合は、上述のような製造設備を保有して、製造設備（バッチングプラント、ミキサ、コンクリート運搬車）と各設備に規定を定め、点検基準、性能判定基準と処理方法が明示されています。次に、管理ポイントを示します。

　①原材料貯蔵設備：貯蔵能力の大きさ、骨材の貯蔵量、入荷骨材の表面水率、骨材の入荷方法

　②製造能力：時間当たりの製造量、各設備機器の清掃状況、異音の有無、ベルトコンベアの傷の有無

　③運搬能力：ドラムの点検管理方法及びその実態、運搬後のドラ

ムの管理実態、応援車両の管理実態
④品質管理能力：目視の実態評価、異常時の対応能力
⑤品質保証能力：敷地全体のバランス、試験室の広さと環境、設備のバランス、生コン協同組合（協組）の位置付けの確認、信頼のおける経営者の工場を選定

2）製造設備の規模

　生コンの生産規模は多種多様ですが、その生産量は保有するミキサの容量と台数、材料の供給能力などで決まります。最近は、二軸強制練ミキサなど練り混ぜ性能を改善した型のミキサが主流を占めてきています。実際の出荷の際のミキサの能力は、カタログの70〜80％程度です。

(2) 原材料の品質管理

1) 品質管理と購買管理

　生コンの製造管理で最も重要な点は、原材料、とくに骨材の品質管理と購買管理です。骨材の品質管理を厳重にすればするほど生コンの配合管理は楽になります。骨材規格は、JIS A 5308の付属書1によります。原材料（資材）受入れ管理試験は、JIS工場審査事項の規定によります。原材料の品質規定はJASS 5、及びRC示方書による材料の品質規定によります。

2) 品質管理方法

　JASS 5、11節、11.5「レディーミクストコンクリートの受入れ時の検査」では、生コンの品質検査を規定しています。JIS工場審査事項で定めている管理回数もJASS 5の場合にほぼ適合しています。

3) 受入れ検査

　骨材の受入れ検査の際に注意することは、細骨材では山砂購入の

場合の洗い試験で失われる量、海砂使用の場合の塩分含有量です。JIS には、コンクリートに含まれる塩化物含有量の規定値が塩化物イオン量として示されています。

4）アルカリ骨材反応抑制

　アルカリ骨材反応抑制は、JIS A 5308 附属書 2 「アルカリシリカ反応抑制対策の方法」及び JASS 5「4 節コンクリート材料　4.3 骨材」に基づくアルカリ骨材反応のない骨材の選定及び管理は重要です。反応性骨材とは、セメントペースト中に含まれる微量のアルカリ金属イオン Na^+、K^+ と反応する反応性シリカ物質（鉱物）を含む骨材です。その物質は「クリストバライト、トリジマイト、玉髄、オパール」などのシリカ鉱物と人工シリカ質ガラスとされています。これらの物質を含む岩石は安山岩、流紋岩、粘板岩、チャート、頁岩及び砂岩などです。骨材の産地による影響が大きいです。

5）回収水の管理

　回収水として JIS A 5308 付属書 3 「レディーミクストコンクリートの練混ぜに用いる水」を使用する場合は、回収水の品質基準・日常検査方法と回数、配合修正方法、スラッジ水の濃度調整と製造管理方法を定め、品質管理を厳重に行う必要があります。

(3) 生コンの製造工程管理

　JIS 工場では製造工程に応じて管理項目を定め、工程中の検査規定（検査項目、検査場所、担当者、検査方法、度数、記録・管理図表などの記録様式）や、部署別作業基準について社内規格を定めています。それらの社内規格と管理状態を確認することも必要です。

(4) 生コンの品質管理試験と製造管理試験

1) 品質管理

　JIS工場では、品質管理規定により品質管理項目を定め、品質管理を行っています。実施規定としては一般に工程の解析、工程の管理、品質保証などで、工程の管理では管理図の種類、管理図の見方、異常時の場合の原因追究と処理、管理限界の再検討などの事項が規定されています。

　生コン工場が管理図を用いて管理するものとしては、骨材の粒度、とくに細骨材の塩分含有量、スランプ、空気量、単位容積質量、強度、コンクリートに含まれる塩化物含有量があります。コンクリートの品質管理試験は、JASS 5 の 11.5「レディーミクストコンクリートの受け入れ時の検査」によります。生産者は品質管理試験の結果について、購入者の要求があれば、提示しなければならず、これらの記録は常に整備されていなければなりません。

2) 製造管理

　製造工程管理試験には、工場での練上がりコンクリートの品質管理試験と、荷卸し地点における出荷コンクリートの品質検査があります。この目的は、使用原材料の品質、配合、計量、練混ぜなどの各工程の安定状態を判断して、製品の品質の安定を図ること、また、製造されたコンクリートが所定の品質を有するかどうかを判断して出荷の可否を判定することにあります。

3) 計量管理

　各材料の1回計量分量の計量誤差は、セメントは質量で±1％、水は質量で±1％、骨材の質量で±3％、混和剤の質量で±3％、混和材の質量で±2％です。計量誤差には、計量器の精度誤差と貯蔵槽

中の在庫や材料の投入作業などによる誤差があります。計量装置の日常・定期点検や計量作業は、基準を厳守して十分な管理を行う必要があります。

4）練混ぜ管理

　練混ぜはJIS A 5308の「8.3　練混ぜ」で、工場の固定ミキサで練り混ぜた後に出荷しなければならないことになっています。コンクリートの練混ぜ量と練混ぜ時間は、製造作業規格を厳重に守らなければなりません。練混ぜ時間を短くすることは、能率向上のための計量時間の短縮につながり、計量誤差が増大して練り上がりコンクリートの変動が大きくなる恐れがあります。

2-3 運搬方法の注意点

(1) 生コンの時間管理

　JIS表示の生コン工場で製造されたコンクリートは、まだ固まらないコンクリートのフレッシュ性状が大きく変化しない時間内に、また材料が分離しないような方法で運搬される必要があります。生コンを使用する場合は、工場から現場における荷卸し地点までの運搬時間を対象としています。

表1　生コンクリートの時間管理

外気温	25℃ 未満	25℃ 以上
練混ぜから打込み終了までの時間	120分以内	90分以内

(日本建築学会『建築工事標準仕様書・同解説 JASS5 鉄筋コンクリート工事 2015』p.23)

　生コンの運搬時間は、表1のようにJISにおいて練混ぜから打込み終了までの時間として、25℃以上の場合には、90分以下と規定されています。夏季などのコンクリート温度が高くなる時期には、できるだけ運搬時間の短い工場を選定します。

　また、夏季にコンクリートを打ち込む場合には、遅延形混和剤の使用や冷却水でコンクリート温度を下げるなどの対策を講じると、

写真1　生コン車によるコンクリート打込み

フレッシュコンクリートの品質変化やコールドジョイントの防止に有効です。

一般に、生コン工場から現場までのコンクリートの運搬には、生コン車を使用します。生コン車は練り混ぜたコンクリートを十分均一に保持し、材料の分離を起こさずに、容易に完全に排出できるものでなければなりません。コンクリートの運搬では、練混ぜを始めてから時間の経過とともに、コンクリート温度、スランプ、空気量の影響で、経過時間による流動性の低下（図1～図3）が生じますが、荷卸し地点におけるコンクリートの品質は所要の品質を有する必要があります。

最も著しく変化する性状はスランプですが、空気量の低下、コンクリートの温度上昇も生じます。さらに現場内の運搬による品質変化が加わった場合は、打込み欠陥が発生したり耐久性を損ねること

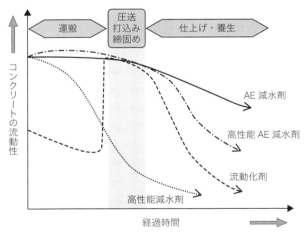

図1　経過時間とコンクリートの流動性の関係（日本建築学会『コンクリートポンプ工法施工指針・同解説』2009、p.36）

にもなります。

　スランプの経時変化は、図2・図3・図4のようにコンクリートの温度が高いほど大きくなり、経過時間が1時間を越えると著しく

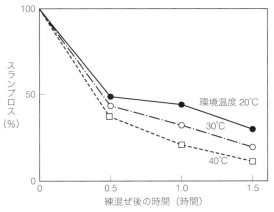

図2　練混ぜ後の経過時間とスランプロスの関係（日本建築学会材料施工委員会『暑中環境におけるコンクリート工事の諸問題と対策』1989年度大会材料施工部門研究協議会参考資料）

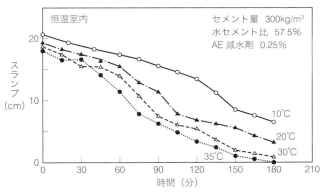

図3　スランプの経時変化（恒温室内実験）（服部健一「スランプロスのメカニズムおよびその対策」『材料』Vol.29、No.318、1990）

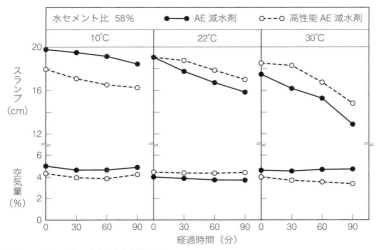

図 4　スランプ、空気量の経時変化（米地馨ほか「スランプロスの少ない高性能 AE 減水剤を用いたコンクリートの性状」『セメント技術年報』36、p.307、1982）

低下します。この傾向は、練混ぜ時のスランプが小さいときほど顕著になります。

　スランプの経時変化を混和剤の種類で比較すると、スランプの低下は、高性能 AE 減水剤を用いたものは、その高いスランプ保持性能から AE 減水剤を用いたものよりも小さいです（図 4）。

　スランプの低下は、外気温や現場までの運搬時間及び現場内の運搬に影響されるので、コンクリート出荷時にその低下分を見込んで練り混ぜて、荷卸し時のスランプを確保する必要があります。

　まだ固まらないコンクリートにおいて、練混ぜ水の変化によるスランプの低下が、硬化コンクリートに悪影響を及ぼします。この品質変化はコンクリートの分離によるものやペースト、モルタルの損失に起因するものである場合には注意を要します。

品質変化が大きい場合には、製造管理が困難になります。一定の施工性（打込み直前の品質）を得るためには、品質変化の大きさを見込んだコンクリートを製造する必要があります。まだ固まらないコンクリートの品質変化の大きい場合には、品質変化の変動も大きくなりがちです。例えば、スランプで5cmの低下があったり、1cmしか低下しなかったりすることから、練混ぜ管理が困難になります。

スランプが小さくなる原因には、例えば材料の湿分や計量の間違いなど製造における不具合も考えられます。その場合は生コン工場に連絡するとともに、許容限度を超えるものについては返却します。

生コン車は走行中や待機時に低速回転させていますが、静止したままではコンクリートが分離していることがあります。そこで、荷卸しの直前には、生コン車のアジテータを30秒程度高速で回転させてコンクリートを撹拌させます。

(2)流動化剤

まだ固まらないコンクリートが固くなってきた場合でも、加水することは厳禁で、建築基準法第37条違反となります。現地で流動化剤を添加する必要が発生した場合、流動化コンクリートのスランプは、図5のように流動化剤の種類や温度変化及び時間経過により大きく変わります。

流動化剤の添加によるスランプの増大量は10cm以下とします。流動化剤の添加直後は一時的に柔らかくなり、施工可能となります。

表2は、JASS5の流動化コンクリートの時間管理の規準です。

表2 流動化コンクリートの時間管理

外気温	25℃未満	25℃以上
荷卸しから打込み終了までの時間	30分以内	20分以内

(日本建築学会『建築工事標準仕様書・同解説 JASS5 鉄筋コンクリート工事2015』p.465)

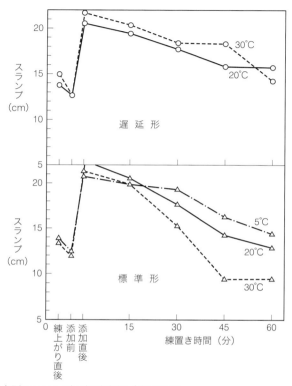

図5 温度別のスランプの経時変化（流動化剤）（嵩英雄ほか「各種高流動化剤を用いた高流動コンクリートのワーカビリチについて」『セメント技術年報』32、1978、p.341）

　流動化剤を現地で添加するということは、生コン工場側からすると、不純物を混ぜたことになり、その時点で工場側の責任はなくなり、施工者側の責任となります。流動化剤は化学混和剤（JIS A6204）ですが、流動化したコンクリートのときには、「JIS」製品を外れることになります。しかし、一般には流動化コンクリートして、認められています。

第3章

コンクリートの品質管理と調合（配合）

3-1 耐久性

(1)概要

　鉄筋コンクリート造建築物の耐久性を向上させるためには、コンクリートの品質を良くすることが必要不可欠です。日本建築学会も鉄筋コンクリート造の全体的な品質向上を主目標に掲げて、コンクリートの種類及び品質・耐久性を確保するための材料・調合に関する規定を設けています。

　コンクリート構造物に要求される性能は、その用途や重要性、環境条件、建築主（発注者）の考えなどによって異なり、それらに応じて用いられるコンクリートの要求性能も異なります。構造体及び部材に期待される性能は、構造安全性・耐久性・耐火性・使用性・部材の位置や断面寸法の精度と仕上がり状態などです。

　その要求レベルは、建築基準法・同施行令に定められた最低基準を満たすことは当然として、建築主の希望・考え方により決められるべきものです。建築物に要求される性能は、設計者に一任される場合が多く、法的にも一応の最低水準が示されているだけです。最近は建築物が老朽化し、リニューアルの検討をするようになり、阪神・淡路大震災や設計基準の国際化の波を受け、発注者や社会からいろいろな性能が個々の建築物に要求されるようになっています。

　建築基準法には、第1条にその目的として、「建築物の敷地、構造、設備及び用途に関する最低の基準を定めて、国民の生命、健康及び財産の保護を図り、もって公共の福祉の増進に資することを目的とする」と規定されています。建築基準法の性格は、建築物の個々の安全性や居住性を一定レベル以上に保つことを目的とするとともに、

健全な都市づくりに欠かせない建築物の秩序について示しています。

構造や材料など技術的レベルがこの法律に適合するかだけでなく、建築物が他の法令にも適合するかどうかチェックします。

(2) 耐久性

コンクリートには、気象条件や環境条件ならびに物理的あるいは化学的な劣化作用に対して、計画供用期間において、所要の性能を継続的に保持することのできる、耐久性に係る性能が求められます。JASS 5 の耐久性とは、「劣化作用の環境下において建築物及び部材が要求性能を維持存続できる能力」という広義の概念で捉えられます。耐久性を広義の概念で捉えるとすれば、鉄筋コンクリート造建築物を構成するすべての構造体及び部材は、計画供用期間中において、構造安全性、耐火性、使用性などの性能を確保し続ける必要があります。JASS 5 では、耐久性を確保するための、より一般化した、より安全な標準方策を示すことが重要であると考えています。計画供用期間中は、一般的な劣化作用、特殊な劣化作用に対しても、構造体に鉄筋腐食やコンクリートの重大な劣化が生じないことが必要です。

(3) 一般的な劣化作用と空気中の二酸化炭素の濃度

①一般的な劣化作用について、鉄筋コンクリート造建築物は、

ⅰ) 年間の気温変化ならびに日射の影響により、構造体コンクリートに温度変化が生じます

ⅱ) 湿度変化及び降雨・降雪の影響により、構造体コンクリートの含水状態に変化が生じます

ⅲ) 構造体及び部材は、膨張・収縮挙動を繰り返します。構造体及び部材は、お互いに変形を拘束し合っており、構造体

コンクリートの温度変化及び含水率の変化がコンクリートのひび割れ及び断面欠損を生じさせる原因となります。

②空気中の二酸化炭素は、コンクリートを表面から徐々に中性化させ、鉄筋に対するコンクリートの防錆機能を低下させます。このことから、中性化は鉄筋コンクリートの耐久性に最も普遍的に影響を及ぼす劣化作用です。空気中の二酸化炭素による中性化は、屋内であるか屋外であるか、都市部であるか農村部であるか、工場や道路の近くであるかなどの要因によって異なります。

(4) 特殊な劣化作用（海水の作用、凍結融解作用など）

①海岸の近くに建つ鉄筋コンクリート造建築物では、海水飛沫や海塩粒子によってもたらされる塩分がコンクリート表面に付着した後に次のような劣化作用が生じます。

ⅰ）コンクリート内部に浸透・拡散し、鉄筋周囲でその濃度が高まると鉄筋が腐食

ⅱ）コンクリートにひび割れや剥離などの損傷を生じさせる現象（塩害）

また、海水の作用は、鉄筋の腐食に関する劣化作用として中性化よりも影響が大きいです。海水の作用によってもたらされる塩化物イオン量は、建築物の海岸からの距離、海岸の地形、建築物の周囲における遮蔽物の存在の有無など、建築物の立地条件によって異なります。

②寒冷地域においては、コンクリート中の水分が凍結融解して、その繰り返しによって、コンクリートの組織が緩んでひび割れが生じ、表層剥離を生じさせます。表層から次第に劣化してい

く凍結融解作用を劣化作用として考慮する必要があります。
③その他の特殊な劣化作用として、温泉地域では酸性土壌、硫酸塩土壌、酸性地下水など、工場地域では亜硫酸や硫化水素を含んだ酸性霧など、化学薬品工場では酸や塩類等の浸食物質などについて考慮します。

(5)構造体の計画供用期間

1997年版JASS 5では、コンクリートの品質問題への対症療法的なものではなく、鉄筋コンクリート造建築物の構造体及び部材により高い耐久性を望む建築主(発注者)及び設計者に対して、意図的に耐久性確保のための手法を提供することを目的として、「計画供用期間の級」という概念が導入されました。

「計画供用期間の級」は、使用するコンクリートの圧縮強度とかぶり厚さによってほとんど実現し得るものとし、コンクリート強度とかぶり厚さの選定という簡便な方法で、耐久性の差を表現できるようにしています。しかし、計画供用期間は、このように多くの仮定に基づくものであって、確実に実証されるものではありません。

計画供用期間の級からは、コンクリートの耐久設計基準強度及びかぶり厚さが選定され、それに基づいて使用するコンクリートの品質規準強度が定められています。

建築物は、それ自体が社会性を帯びており、その存在自体が社会に及ぼす影響を無視することができません。設計者は、建築主(発注者)の意図を基に、減価償却資産としての法定耐用年数(表1)にも配慮しながら、建築物の用途、規模、社会的重要度などに配慮して、計画供用期間のどの級を適用するかを決定することが肝要です。

建物は時間経過によって劣化が進行するために、維持保全が必要

表1 減価償却資産の耐用年数表

構造・用途	細目	耐用年数
木造・合成樹脂造のもの	事務所用のもの 店舗用・住宅用のもの 飲食店用のもの 旅館用・ホテル用・病院用・車庫用のもの 公衆浴場用のもの 工場用・倉庫用のもの（一般用）	24 22 20 17 12 15
木骨モルタル造のもの	事務所用のもの 店舗用・住宅用のもの 飲食店用のもの 旅館用・ホテル用・病院用・車庫用のもの 公衆浴場用のもの 工場用・倉庫用のもの（一般用）	22 20 19 15 11 14
鉄骨鉄筋コンクリート造・鉄筋コンクリート造のもの	事務所用のもの 住宅用のもの 飲食店用のもの 　延面積のうちに占める木造内装部分の面積が30％を超えるもの 　その他のもの 旅館用・ホテル用のもの 　延面積のうちに占める木造内装部分の面積が30％を超えるもの 　その他のもの 店舗用・病院用のもの 車庫用のもの 公衆浴場用のもの 工場用・倉庫用のもの（一般用）	50 47 34 41 31 39 39 38 31 38

(国税庁「別表第1機械及び装置以外の有形減価償却資産の耐用年数表」(抜粋)、2008年度の改正)

です。図1は適正な時期に維持保全を実施することにより、建物の性能が復活して建物の延命が可能となることを示しています。建物に対する劣化外力・劣化要因は表2のように多いので、配慮する必要があります。

　第一の方法は、構造体及び部材の初期性能を建設時に相当なレベルまで高めて、経年劣化抵抗性に優れた材料・調合を選択し、入念

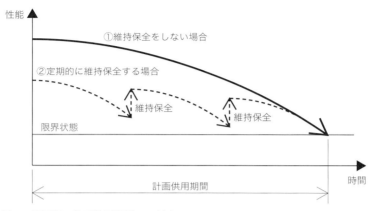

図1　超長期の計画供用期間への対応(日本建築学会『建築工事標準仕様書・同解説 JASS5 鉄筋コンクリート工事2015』p.159)

な施工を実施することです。

　第二の方法は、構造体及び部材を建設時の性能ならびに材料・調合・施工を通常と同じレベルとするが、維持保全を定期的に実施することです。JASS 5 は、鉄筋コンクリート造建築物の建設当初の仕様を定めたものであり、維持保全に関する仕様の設定は、JASS 5 の適用外です。

　鉄筋コンクリート造建築物において、海水の作用は鉄筋の腐食を生じさせ、凍結融解作用はコンクリートの膨張ひび割れや組織崩壊をもたらし、その性能を著しく損ないます。特殊な劣化作用の強さ及び計画供用期間の級によっては、コンクリートだけで必要な耐久性を確保することが困難な場合があります。そのような場合には、外装材・仕上げ材などでコンクリートを保護することが必要です。これらについては設計段階で決めておかなければなりません。

表2 特殊な劣化作用と設計・施工上の考慮すべき事項

		劣化外力	劣化要因	劣化現象	対象地域・建築物・部材	耐久設計・施工で考慮すべき事項
地域的要因		土壌成分	酸性土壌、硫酸塩土壌、岩塩	コンクリート・鉄筋の腐食	温泉地帯	耐食仕上げ、かぶり増加、耐硫酸塩セメント使用、低水セメント比
		地下水	pH値、硫酸イオン、塩素イオン	コンクリート・鉄筋の腐食	温泉地帯、海岸地帯	
		腐食性ガス	亜硫酸ガス、硫化水素ガス	コンクリート・鉄筋の腐食	温泉地帯、工業地域	
		高温	日射熱	ひび割れ、表面劣化	熱帯	仕上げ、ひび割れ対策
部位的要因		疲労	車両・クレーン等歩行荷重の繰返し	ひび割れ、コンクリートのはく離	工場の梁・床版、駐車場	鉄筋補強、断面増加、衝撃の防止
		高熱作用(300℃以上)	高熱暴露、加熱冷却繰返し、熱応力	ひび割れ、耐力低下、劣化	工業炉、煙突	断熱設計、耐火・耐熱コンクリート
		高温作用(300℃未満)	長期高温暴露、熱応力	ひび割れ、たわみ、耐力低下	発電所、電解工場、煙突、床暖房スラブ	断熱設計、鉄筋補強、ひび割れ対策
		極低温	急激な温度降下・温度変化繰返し	ひび割れ、部材耐力低下	低温倉庫、低温加工工場	断熱設計、鉄筋補強
		すりへり作用	車両の走行、歩行	表面のすりへり	駐車場、工場、歩行路	耐摩耗仕上げ、硬質骨材の使用
		有機酸・無機酸	硫酸・硝酸・塩酸・亜硫酸・フタル酸ほか	コンクリート・鉄筋の腐食	化学工場、実験施設	耐食仕上げ
		塩類	硫酸塩・亜硫酸塩・硝酸塩・塩化物ほか	コンクリート・鉄筋の腐食	化学工場、実験施設ほか	耐食仕上げ、耐硫酸塩セメント使用
		油脂類	やし油、菜種油、亜麻仁油、魚油	コンクリートの表面劣化	化学工場、食品工場	耐食仕上げ
		腐食性ガス	亜硫酸・炭酸ガス、硫化水素	コンクリート・鉄筋の腐食	煙突・化学工場、し尿下水処理施設	耐食仕上げ
		電食作用	迷走電流	鉄筋腐食、部材のひび割れ、耐力低下	電解工場、鉄道施設(鉄道沿線の建物)	絶縁、コンクリートの乾燥、塩分量
		微生物の作用	バクテリア(硫酸)、菌類(酸)	コンクリートの腐食	し尿・下水処理施設、畜産施設	仕上げ、かぶり、耐硫酸塩セメント

(日本建築学会『高耐久性鉄筋コンクリート造設計施工指針・同解説』1991、p.80)

3-2 コンクリート強度論

　コンクリートは、水、セメント、骨材(細骨材及び粗骨材)、空気量、及び混和材料(混和剤、混和材、結合材)を、ある割合で混合してつくります。コンクリートを製造するときの調(配)合は、上述の各種材料の混合割合を言い、計算によって得られた調(配)合を計画調合、さらに調(配)合を決定することを調(配)合設計と言います。

　調(配)合の考え方・理論は、コンクリートの使用材料や要求性能(例えば、強度、耐久性、ワーカビリティーなど)が変われば、それに応じて変わります。また要求性能は、コンクリート構造物による施工方法や、コンクリートを用いる構造計画が変われば、それに応じて変わるものです。

　コンクリート強度論は、1918年に発表されたDuff A. Abramsの「水セメント比」(W/C比)が有名です。しかし、実際には、世界で最初に東京工業学校(現在：東京工業大学の前身)の土居松市、坂口芳三郎両博士によって幾多の実験が行われ、1916年に「コンクリートに於ける水量は其の応圧強度に大影響を及ぼすもの」と、日本建築学会の『建築雑誌』に発表していることを、日本人として認識してほしいものです。

　コンクリート強度について、両氏の「コンクリートの強度と水量との関係に関する実験報告」の論文は、コンクリートの強度の材料学的研究として、我が国で最初のものとして注目されました。日本建築学会のコンクリート強度論は、両氏の水セメント比論・セメント水比論が適用されています。

3-3 流動化剤とJIS表示

(1) 流動化剤を用いたコンクリートの背景

　これまでの建築用コンクリートは、軟練コンクリートが主流で、施工の方法もせき板中に流し込む方法が採られました。単位水量の多い軟練コンクリートは、コンクリートの品質上好ましくない面を持つことは事実ですが、部材断面が小さく、配筋量の多い箇所にコンクリートを充填するためには、流動性が要求されます。

　1965年以降は、ポンプ工法が用いられるようになり、セメント量を多くし、細骨材率を大きくして、コンクリートのポンパビリティーを高めるように調（配）合がなされました。その調（配）合は単位水量が増大することとなり、また骨材の品質悪化がそれに拍車をかけて、コンクリートの品質低下が懸念されるようになりました。コンクリートを硬練りにすることの必要性が強く意識されるようになったものの、施工性を損なうため、強い抵抗がありました。

　そこで、開発されたものは、高分散作用をもつ混和剤の流動化剤です。次にその特性を示します。

①流動化剤を多量に使用しても、凝結遅延作用や硬化不良をもたらす作用がなく、単位水量の少ないコンクリートを、流し込み可能な程度の流動性を持つまでにできます。

②打込み・締固めが極めて容易な程度の流動性を保ちながら、単位水量が通常のコンクリートより少なく、したがって単位セメント量も少なくできます。

③単位セメント量を大幅に増大させることなく、また施工性を損なうことなく、水セメント比を大幅に減ずることによって、高

い強度、耐久性、水密性などをもつ高性能のコンクリートが得られます。

(2) 流動化剤とは

流動化剤（JIS A 6204：化学混和剤）とは、あらかじめ練り混ぜられた単位水量の少ない硬練りコンクリートに、荷卸し地点で後から添加し、これを撹拌することによって、セメントの分散効果が増大します。流動化剤は硬化後の品質を変えることなく、流動性や施工性（ワーカビリティー）を大幅に改善することを目的として使用されます。図1・図2のように流動化剤の添加時期によりスランプは大きく変化しています。その流動化剤を使用したコンクリートを、流動化コンクリートと呼びます。

流動化剤は、この原理を巧みに利用したもので、空気量が過大に

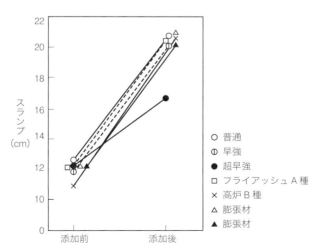

図1 流動化剤添加前後のスランプ（嵩英雄ほか『高性能減水剤の遅延添加による高流動コンクリートの研究』『日本建築学会大会学術梗概集』51（構造系）、1976、p.85）

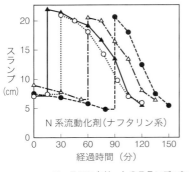 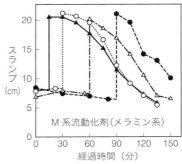

ベースコンクリートのスランプ：8cm
流動化させたコンクリートのスランプ：21cm
流動化剤の添加時期： △ 15分後 ○ 30分後 △ 60分後 ● 90分後

・流動化コンクリートは、流動化剤の添加時期を遅くすると流動化後の
　スランプロスの速度が大きくなります。
・流動化コンクリートのスランプロスの速度は、流動化剤の添加時期に
　依存しています。

図2　添加時期の影響 (岸谷孝一ほか「流動化コンクリートのレオロジーとスランプロス（その3）」『日本建築学会大会学術講演梗概集』56（材料・施工・防火・海洋）、1981、p.105)

増加しない高性能減水剤（高強度用減水剤）を主成分としています。流動化コンクリートは、流動化剤によって、いわば強制的に流動性（スランプ）を増大させたコンクリートであり、同じスランプの通常のコンクリートとは調（配）合が異なり、フレッシュコンクリートにおいても若干異なる性質を持っています。そのワーカビリティーは、材料、調（配）合、流動化の方法などにより大きな影響を受けます。

流動化剤は、1975年頃から使われ始め、軟練コンクリートの品質改善、硬練りコンクリートの施工性改善の目的と骨材事情の悪化、コンクリートの耐久性向上の要求と相まって、急速にその需要を伸ばした混和剤です。

次に流動化剤を用いたコンクリートの効果を示します。

① ブリーディングの減少（レイタンスの減少、沈みひび割れの防止）（図3参照）
② 単位水量の減少（図4から、水量が少なくても施工可能であることがわかります）
③ 単位セメント量の減少（水セメント比一定の条件で、圧縮強度

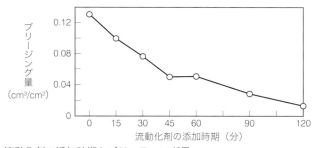

図3　流動化剤の添加時期とブリーディング量 (日本建築学会『流動化コンクリート施工指針（案）・同解説』1989、p.151)

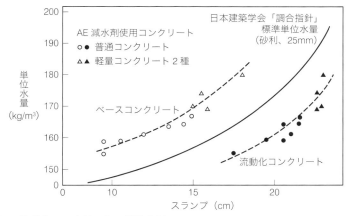

図4　流動化コンクリートの単位水量 (日本建築学会『流動化コンクリート施工指針（案）・同解説』1989、p.65)

が変わらないため、セメント量も減少可能になります）

④ワーカビリティー・スランプ値の増大（打込み、締固め、ポンプ圧送性、仕上げ）（図5参照）

⑤ひび割れの低減（発熱量の低減、乾燥収縮の低減、高強度化、

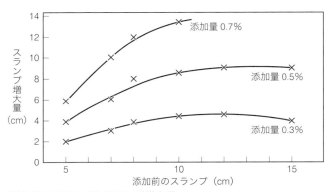

図5　添加前のスランプとスランプ増大量（日本建築学会『流動化コンクリート施工指針（案）・同解説』1989、p.141）

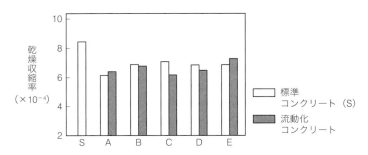

S：標準コンクリート（AE、スランプ21cm）
A～D：市販流動化剤（ベースコンクリートはAE、スランプ12cm）
E：遅延形特殊減水剤
乾燥期間6週

図6　流動化コンクリートの乾燥収縮（日本建築学会『流動化コンクリート施工指針（案）・同解説』1989、p.157）

高耐久性化）（図 6 から、流動化剤の種類によって、乾燥収縮によるひび割れが減少していることが読み取れます）
⑥耐久性の向上
⑦鉄筋の付着性向上

(3) 流動化剤の JIS 規格

流動化剤は、化学混和剤と定義されています。JIS 規格に規定されているコンクリート用化学混和剤の種類は、① AE 剤、②高性能減水剤、③硬化促進剤、④減水剤、⑤ AE 減水剤、⑥高性能 AE 減水剤、⑦流動化剤の 7 種類です。

標準形の流動化剤は、一般のコンクリート工事に使用され、遅延形は、流動化後のスランプロスを低減させ、暑中コンクリートでコンクリートの凝結を遅延させることを目的としています。流動化剤の主成分は、高性能減水剤（高強度用減水剤）と同じです。これらは液―固界面にあって、セメント粒子表面に吸着して、帯電層（拡散電気二重層）を形成します。セメント粒子は、静電気的な相互反発作用により、個々に分散され、セメントペーストの流動性に寄与し、スランプが増大します。スランプロスは、セメントの水和による帯電層の消失の結果として生じます。

流動化剤の特徴は、使用量が増加しても過度の凝結遅延や空気連行を起こさずに、減水率も増加し最高 20 〜 30％の減水も可能なことです。アルカリ骨材反応の抑制対策の方法として、アルカリ総量の規制による方法を指定する場合は、流動化剤によって混入されるアルカリ量も含めて計算します。発注者は流動化剤に応じてメーカーより提示されるアルカリ総量について「コンクリート 1m^3 中のアルカリ総量（Na$_2$O 酸化ナトリウム換算）を 3.0kg/m^3 以下」、「全ア

ルカリ量 0.30kg/m³ 以下」とする規定値を生コン工場に通知します。

(4) 流動化剤の添加量

　流動化剤の添加量は、基本的には目標とするスランプ増大量に応じて定めます。流動化効果は、流動化剤の添加時期、添加後の撹拌方法、コンクリート温度などによって影響を受け、セメント種類、骨材種類・品質、流動化剤の銘柄などによって異なります。

　図7はコンクリート温度の相違による流動化効果の影響を示しています。スランプは低温時ほど減少するため、流動化剤の添加量を

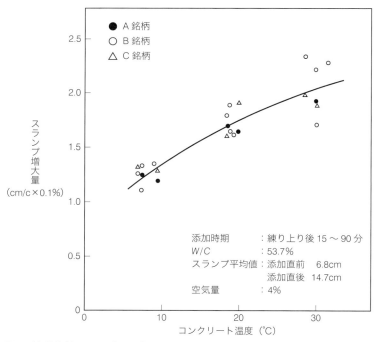

図7　流動化効果に及ぼす温度の影響（日本建築学会『流動化コンクリート施工指針（案）・同解説』1989、p.71）

増加させる必要があり、高温時においてはこれとは逆に若干少なくする必要があります。

(5) 流動化剤の使い方

図8のように、流動化剤の種類や後添加によって、ワーカビリティー・スランプの増大と空気量の安定性などに違いが生じます。

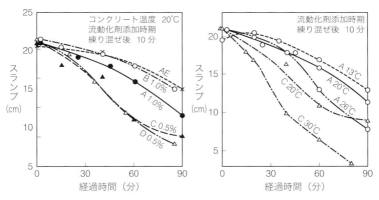

図8 流動化剤の種類と温度によるスランプの経時変化 (日本建築学会『流動化コンクリート施工指針（案）・同解説』1989、p.146〜147)

流動化剤の添加場所は、トラックアジテータの待機場所と、コンクリートの荷卸し地点の間で、出来るだけ荷卸し地点に近い位置と

表3 騒音測定

かくはん （エンジン回転数、 ドラム回転数）	生コン車からの 距離（m） 1	10	20	30	50
高速（2000、16rpm）	99	89	84	80	76
中速（1600、12rpm）	94	81	74	70	66

(日本建築学会『流動化コンクリート施工指針（案）・同解説』1989、p.91)

します。流動化剤の添加後は、トラックアジテータを高速撹拌しますので、短時間とは言え、表3のような騒音、及び排気ガスの発生を考慮して場所を選定しなければなりません。ポンプ車にトラックアジテータを2台付けできる場合は、ポンプ車に付けた状態で流動化剤の添加及び撹拌をするのが良いです。流動化剤の現場添加は、投入する労務、添加量の管理、撹拌のための騒音、役割分担と責任分担範囲などの問題を明確にすることが重要です。

(6)流動化コンクリートの使用目的

次に流動化コンクリートの使用目的と効果を示します。

①単位水量の最大値を満足できない場合の単位水量の低減。

　コンクリートの種類、地域によっては骨材事情などにより、通常の方法で単位水量の規定値を満足することが困難な場合も考えられます。この場合は、単位水量の低減を図ることができます。

②暑中コンクリートでスランプ低下が著しい場合のワーカビリティーの改善を図ります。

③高強度コンクリート・高耐久性コンクリートなどのワーカビリティーの改善、単位水量の低減を図ります。

④マスコンクリートの水和熱による温度上昇の抑制のための単位水量の低減を図ります。

⑤高所高圧や軽量コンクリートの場合のポンプ圧送性の改善を図ります。

流動化コンクリートを使用する場合には、設計者・管理者及び施工者が流動化コンクリートを使う目的を明確にするとともに、施工者は、事前に十分な施工計画を確立する必要があります。

3-4 空気量

(1) AE 剤の使用

　昭和初期には、コンクリートに空気を入れるなどとんでもないことでした。それは、コンクリート中に空気（気泡）を入れると、耐久性・水密性・強度の低下を招くと言われていたからです。

　第二次世界大戦終戦から 15 日後、アメリカの進駐軍は、マッカーサー連合国軍最高司令官の厚木基地着任を皮切りに、日本各地で施設建設に着手しました。

　鹿島組（現在：鹿島建設）は、1946 年 6 月から、青森県の三沢基地の飛行場建設に携わり、アメリカで寒中コンクリート工事に使用されている AE 剤を現場練りコンクリートに混入するように指導されました。アメリカでは、1930 年代の自動車道路の発展とともに、コンクリート道路の冬期間のスケーリング（凍結融解の繰り返しにより、表面のセメントペーストが剥離する現象）に、AE コンクリートが好結果をもたらすことが発見されていました。

　日本の建設会社では、使用したことのない AE 剤をコンクリートに混入することの有効性が認識されていませんでした。アメリカの建設技術者から、寒冷地のコンクリートとして耐凍害性に有効であるからと、実績をもとに指導され、工事への使用を実施することになりました。

(2) エントラップトエアとエントレインドエア

　コンクリートの空気量とは、コンクリート中の分散している空気量の体積を百分率で表したものであり、骨材粒子中のひび割れや空隙に入っている空気は含まれません。コンクリートの諸性質は、空気

量の多少によって大きく相違します。気泡は、二種類に大別されます。

　エントラップトエア（連続気泡、巻き込み空気）は、AE剤・AE減水剤という表面活性剤を用いないコンクリート（プレーンコンクリート）の空気で、ミキサによる練り混ぜや運搬、打込みの際に、自然に混入される1〜2％の空気泡です。

　エントレインドエア（独立気泡）は、AE剤・AE減水剤などの表面活性剤により、コンクリート中に生成される微細な独立した（AEコンクリート）気泡（空気量：4〜6％）です。微細な空気粒は、20〜250μmで、粒と粒の間隙が150〜200μmと小さく、凍結する際の膨張圧を吸収します。AEコンクリートによる空気量は、エントラップトエアとエントレインドエアの両方が含まれています。

(3) エントラップトエアとは
　① 連続気泡体は気泡同士がつながっているので、水分を吸い込む可能性が高いです（「スポンジたわし」を想像してください）。
　② 減水や耐凍害性の向上はありません。
　③ 空気泡は直径が100μm〜10mmで、形状も不整形なものが多いです。
　④ 大粒径（1mm以上）の空気泡は、練り混ぜが継続されることにより解砕されます。
　⑤ 気泡間隔は400〜700μm、この気泡はコンクリートの品質改善には役立ちません。

(4) エントレインドエアとは
　① AE剤・AE減水剤による気泡はほぼ球形をしています。気泡径は25〜250μmと微細であり、それも表面活性剤の種類により幾分異なります。気泡間隔係数は、150〜200μm（最大250μm以

下)が望ましいです。
②独立気泡体は気泡同士がつながっていない状態で、気泡同士が壁で仕切られているので、気泡中に水を吸い込むことがなく、一般的には発泡スチロールがその代表例です。

(5) AE剤・AE減水剤を用いたコンクリートの特長

表面活性剤により、コンクリート中に連行して独立した微細な空気泡の特長は、次の通りです。

1) ワーカビリティーの改善

①気泡はほぼ球形で、コンクリート中でボールベアリングのような役目を果たし、まだ固まらないコンクリートの流動性を高めて、ワーカビリティー(作業性)を改善・向上させます。

②その結果、同一コンシステンシーを得るためのコンクリートの水量を減少させることが可能となります。

③材料分離に対する抵抗性が著しく向上します。

④コンクリートの充填性が良くなり、ジャンカ・巣などの打込み欠陥が減少します。

⑤細骨材率(砂/[砂+砂利]の容積比)や単位水量を減らすことが可能になります。

⑥水分を少なくした分の強度増加分と、気泡を入れたことによる強度低下分がほぼ相殺することになります。

⑦自由水の凍結による膨張圧の緩和や、凍結融解の繰り返し作用の抵抗性が改善されます。

2) ブリーディングの減少

コンクリートの単位水量の減少と空気泡の浮力が、コンクリート材料の骨材の沈降を抑制し、ブリーディングを減少させます。

3)耐凍害性の増大

①硬化したコンクリート中の水分による凍結融解の繰り返し作用に対する抵抗性(耐凍害性)が著しく増大します。

②空気量が2%以下では、耐凍害性の向上効果もなく、また6%を越えると、強度の低下や乾燥収縮が大きくなる傾向を示します。耐凍害性に及ぼす空気量の影響は図1に示されています。一般的には、コンクリート体積の3〜6%(平均4.5%)とします。

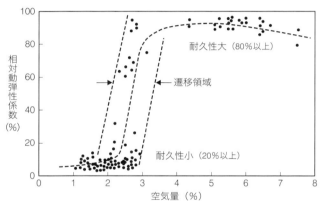

図1 耐凍害性に及ぼす空気量の影響 (日本建築学会『寒中コンクリート施工指針(案)・同解説』2010、p.158)

(6)空気量の試験方法

空気量試験には、まだ固まらないコンクリートに対するものと、硬化したコンクリートに対するものとがあります。通常はまだ固まらないコンクリートの試験だけが行われます。ワシントン型エアメータ法(空気室圧力方法:JIS A 1128)が多くの現場や研究室で使用されています。この測定方法によると、エントラップトエアとエントレインドエアの分別が不可能であり、両者合計で示しています。

3-5 コンクリートの調合と配合

(1) 土木と建築の違い

我が国の国土開発は、土木関係の事業を主流としてスタートしてきたので、JIS 規格にしても、土木用語が潜在的に使用されています。建築用語は、土木用語に配慮して建築独自の用語を現状に合わせて表現しています。

その一例が、コンクリートの「**調合**」と「**配合**」という表現です。

コンクリート又はモルタルをつくるときの各材料の割合又は使用量を、英語では「proportion」と表現しますが、それを土木関係では「配合」、建築関係では「調合」として、今日に至っています（表1）。したがって、配合も調合も元来同義語であり、土木学会『コンクリート標準示方書』（以下、RC 示方書という）では「配合」、日本建築学会『建築工事標準仕様書・同解説　鉄筋コンクリート工事』（以下、JASS 5 という）では「調合」として用いられています。コンクリートの調合（配合）は、コンクリートの品質に大きな影響を及ぼすため、その選定には十分な配慮が必要です。

表1　調合と配合

土木学会 RC 示方書	コンクリートの配合は、所要の強度、耐久性、水密性、及び作業に適する範囲内で単位水量をできるだけ少なくするよう、これを定めなければならない
日本建築学会 JASS 5	コンクリートの調合は、所要のワーカビリティー、強度、耐久性、コンクリートの種類、コンクリートの品質に示すその他の性能が得られるように定める

土木で使用する**配合**とは、コンクリート又はモルタルをつくるとき、例えば、材料の使用量が 1m³ 当たりにして、水セメント比 50%、スランプ 3cm、粗骨材の最大寸法 80mm、「セメント＋フライアッシ

ュ量」が 220kg/m³、細骨材量 607 kg/m³、粗骨材量 1970 kg/m³ となり、各種の材料使用量を大量に、あらかじめ決められた割合や比率で混ぜ合わせる、あるいは混ぜ合わせられる成分を意識しています。

これに対して、建築で使用する**調合**とは、材料の使用量が、1m³ 当たり何 kg と同じですが、現場での量的な使用量が、土木工事の量と比べて少ないにもかかわらず、設計図書を始め、施工条件による検討事項、適用地域と期間、耐久性の抵抗性（中性化、塩化物イオン）、コンクリートの種類とその運搬方法、気象条件などの設定条件が詳細に規定されており、それらを混ぜ合わせるという行為によって所要の品質を確保することを意識しています。

これらの規定は、コンクリートの品質上、重要な要因であるワーカビリティー、強度、耐久性などがコンクリートの調合によって支配されることを意味しており、調合の選定が極めて重要であることを明確に裏付けています。

それは、薬に例えれば、いろいろな成分を混ぜた結果、それぞれの成分だけでは不可能な効用が現れることがあります。このような場合に、調合は、「混ぜた結果、変化する」というときに使います。さらには「調剤」は薬の調合や、「調香」は香料の調合のことを言います。建築用語のコンクリート「調合」は「薬の調合」や「香水の調合」のように割合や比率を試行錯誤して混ぜ合わせることから表現されたと言われています。

(2) コンクリートの配合（調合）

1) 土木学会の「示方配合と現場配合」の定め方について

示方配合とは、所定の品質のコンクリートが得られるような配合で、仕様書又は責任技術者によって指示されるコンクリート練上が

り1m³の材料使用量を言います。その内容は設計基準強度を始め、ある条件に合わせて、スランプ低下分の単位水量増、空気量の低下増や骨材の表面水補正（表面乾燥飽水状態を仮定している）した配合、細骨材率、水セメント比などの検討を生コン工場で試験練りして決定した配合を言います。表2のように元となる配合のことです。それに対して、現場配合の基本は、示方配合のコンクリートが得られるように、現場における材料の状態及び計量方法に応じて修正して定めた配合を言います。

表2　配合の表し方

粗骨材の最大寸法 (mm)	スランプの範囲 (cm)	空気量の範囲 (%)	水セメント比 W/C (%)	細骨材率 s/a (%)	単位量 (kg/m³)						
					水 W	セメント C	細骨材 S	粗骨材 G		調和材料	
								mm〜mm	mm〜mm	混和材	混和剤

注）混和剤の使用料は、cc又はgで表し、薄めたり溶かしたりしないものを示すものとする。
（土木学会『コンクリート標準示方書』2007）

2）日本建築学会の「計画調合」の定め方について

　所定の品質のコンクリートが得られるように計画された調合は、

表3　計画調合の表し方

品質基準強度	調合管理強度	調合強度	スランプ	空気量	水セメント比	細骨材率	単位水量	絶対容積 (ℓ/m³)				質量 (kg/m³)				化学混和剤の使用量 (mℓ/m³) 又は (C×%)	計画調合上の最大塩化物イオン量 (kg/m³)
								セメント	細骨材	粗骨材	混和材	セメント	細骨材注	粗骨材注	混和材		
(N/mm²)	(N/mm²)	(N/mm²)	(cm)	(%)	(%)	(%)	(kg/m³)										

注）表面乾燥飽水状態で明記する。ただし、軽量骨材は絶対乾燥状態で表す。
　混合骨材を用いる場合、必要に応じ混合前のおのおのの骨材の種類及び混合割合を記す。
（日本建築学会『建築工事標準仕様書・同解説　JASS5　鉄筋コンクリート工事　2015』p.252）

コンクリート1m³当たりの材料の使用量が示され、骨材は絶乾状態か表乾状態かを明示する必要があります。

表3にコンクリートの計画調合による、粗骨材の最大寸法、スランプ、空気量、水セメント比、細骨材率及び各材料の単位使用量を示します。

3) コンクリートの配合(調合)強度と呼び強度の関係

① 生コン工場が目標とする強度

配合(調合)強度＝呼び強度＋割増強度*

＊ ：生コン工場において設定するばらつきを考慮した強度割増

② 土木学会　コンクリート標準示方書（JIS　呼び名）配合

呼び強度＝設計基準強度

③ 日本建築学会　JASS 5：調合

呼び強度＝品質基準強度*＋構造体強度補正値**

＊ ：品質基準強度とは、設計基準強度と耐久設計基準強度の大きい方の値

＊＊：供試体と構造体の強度差を考慮した割増

(3) 土木学会：配合強度の設定

生コン工場ではコンクリートのばらつきを考慮し、呼び強度に対して、練り混ぜを行う際の目標強度を決める必要があります。これが配合強度です。安全性を確保するため「呼び強度＜配合強度」となるように設定する必要があります。

呼び強度の割増しは、配合強度が呼び強度以下になる確率、すなわち不合格となる確率5％を定めて割増強度を算定します。

(4) 日本建築学会：調合強度の設定

図1は、発注する際の呼び強度の強度値を規定するための品質基

準強度、調合管理強度及び調合強度の関係です。「2-1 生コンクリートの注文の仕方」より、調合強度 F は、調合管理強度 F_m ＋ 1.73σ (N/mm²)、あるいは $0.85F_m$ ＋ 3σ (N/mm²) のうちの大きい方の値とします。

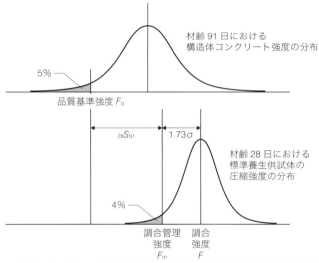

図 1　構造体コンクリートの圧縮強度の分布と調合管理強度及び調合強度の関係

標準偏差 σ の不良率は 4％、3σ の不良率はゼロという統計上の基準からして、調合管理強度の 85％を下回るものはないという意味になります。生コン工場にて、安全性をみて発注された強度よりも高めに設定しています。詳細は「2-1 生コンクリートの注文の仕方」を参照して下さい。

(5) コンクリート圧縮強度の確認方法

1) 土木学会 RC 示方書の場合

3 回の試験結果の平均値が、呼び強度を下回る確率として 5％以

下と規定されています。

2) JIS A 5308(2014)とJASS 5 の場合

　1回の試験結果が、購入者の指定した呼び強度の強度値(高強度コンクリートは調合管理強度)の85％以上で、3回の試験結果の平均値が、購入者の指定した呼び強度の強度値以上（高強度コンクリートは調合管理強度以上）であることが規定されています。

　なお、生コンクリートの受入れ時の試験結果（回数）は、普通コンクリートにあっては、打込み工区ごとに1回、打込み日ごとに1回、150m³に1回の割合（試験及び検査ロットは3回（450m³））、高強度コンクリートにあっては、打込み日かつ300m³について3回（試験及び検査ロットは3回（300m³））を標準とします。

　試験結果の判定は、次のようにして行います。

　普通コンクリートによる1回の試験結果は、任意の1台の運搬車から3個の供試体を採取して判定します。検査ロットの3回は、150m³ごとに1台の運搬車から3個ずつ、3台の運搬車から採取した9個の供試体で判定します。

　また、高強度コンクリートの1検査ロットの300m³は、適当な間隔をあけた（例えば100m³ごとに）任意の1台の運搬車から採取した3個の供試体の試験結果を1回として判定し、さらに任意の3台の運搬車から採取した9個の供試体で判定します。

3-6 骨材・混和材料（結合材含む）

(1) 骨材の概要

コンクリート構造体を造る際、セメントだけを使用すると高強度ペースト硬化体を得ることができます。それに反してコンクリートは乾燥収縮の増加、ひび割れ発生などの施工の不具合が多く発生することになり、経済的に大きな損失となります。

コンクリート用骨材は、コンクリートの骨格を形成する材料であり、鉄筋コンクリート構造では、圧縮力に抵抗して荷重を支える骨格の働きをします。骨材量は、コンクリートを構成している全材料の約70％を占めており、その品質は、コンクリートの各種物性に及ぼす影響が大きくなりますので、使用される骨材が所定の品質を有していることを確認することが重要です。骨材はごみ、土、有機不純物などを含まず、所要の耐火性、耐久性を有する必要があります。

(2) コンクリート用骨材の種類による分類

コンクリート用骨材は、粒度の大きさにより「細骨材」「粗骨材」に区分され、自然作用による砂、砂利と岩石を人工的に砕いた砕砂、砕石などの「普通骨材」、また天然軽量骨材、人工軽量骨材及び副産軽量骨材による「軽量骨材」、スラグ骨材、再生骨材、重量骨材などが用途により使用されています。

(3) コンクリート用骨材の品質とコンクリートの性能

骨材には、骨材周囲のセメントペースト分が健全であっても、骨材のみが膨張して剥離することがあります。これはポップアップと呼ばれる現象で、硬化セメントペーストの凍害防止や、軟石・死石などの骨材の使用を避けるなど、吸水率の大きい骨材を使用しない

ことが望ましいです。また、骨材の化学安定性については、関西地区でアルカリシリカ反応と見られる現象が起きていることが報告されて以来、各方面で調査・研究が始められました。骨材のアルカリシリカ反応の試験には、化学法及びモルタルバー法の二つがあります。通常のコンクリートでは、そのどちらかの試験によって「無害」と判定された場合に無害と判定します。無害と判定されるには、①吸水率の小さい骨材、②実績率が大きい（単位水量の低減、乾燥収縮率の低下や耐久性の向上）骨材、③洗い損失量の少ない（例えば2％以下）骨材を選定します。

(4)コンクリート中に骨材はなぜ必要か

セメントペーストはセメントと水の混合物であり、モルタルはセメントペーストと細骨材の混合物、コンクリートはモルタルと粗骨材の混合物です。圧縮強度は水セメント比が同一であれば、セメントペーストが最も大きく、次いでモルタル、コンクリートの順となります。骨材には次のような三つの特長があります。

1)乾燥収縮を抑制する

セメントペーストやモルタルの強度はコンクリート強度よりも大きいのに、セメントペースト、モルタル及びコンクリートの硬化体には、乾燥によるコンクリート中の水分の蒸発によって縮む現象があります。このことを「乾燥収縮」と言います。乾燥収縮は、単位セメント量、単位水量が多いほど増大します。水量とセメント量との重量比が大きくなると増大する傾向があります。これに対して、水とセメントとの水和反応によって硬化する際に、コンクリート中の水分が失われることによって生じる収縮現象があります。このことを「自己収縮」と言います。乾燥収縮や自己収縮は、セメントペ

ーストが最も大きくなり、コンクリート構造物にひび割れを起こすことがあります。乾燥収縮を抑制する方法は、セメントペーストの少ないコンクリートにして、縮む現象を極力抑えることです。

2）発熱を抑制する

　セメントペースト、モルタルは、単位セメント量が多くなるため、セメントの水和反応に伴う発熱が増大し、内部で 90℃ 近くにまで温度上昇することによって、温度ひび割れが発生して、品質低下を招くことがあります。そこで、セメントペースト、モルタルに不活性の骨材を混合して、反応するセメントの占める割合を大幅に減らして全体の発熱量を抑えます。

3）コンクリートの単価の低下

　コンクリートの単価は使用材料を分割してみると、セメント量が多いほど高価になります。セメント硬化体で比較すると、単価はセメントペースト、モルタル、コンクリートの順に安価となり、セメントペーストはセメント量が多いことから費用が増大します。コンクリートの強度は骨材を使用することによって低下します。また、骨材はひび割れの発生の少ない経済的なコンクリート構造物を構築するために必須の材料と言えます。

(5) 混和材料

　混和材料は、コンクリート品質・性能の改良・改善及び高強度化を目的として使用するもので、コンクリートに混合使用するセメント・水・骨材以外の材料の総称です。混和材料の定義は、セメント、水、骨材以外の材料で、コンクリートに打込みを行う前に必要に応じて加える材料です。混和材料は、主として添加量の多少によって「混和剤」と「混和材・結合材」に区分されています。

1)混和剤

　混和材料の中で使用量が比較的少なく（使用量は単位セメント量に対し 0.04〜0.3%、最大 6.0 %）、それ自体の容積がコンクリートの調（配）合（練上がり容積）計算の算入に不必要な程度の水溶液で薬品的なものです。

2)混和材・結合材

　混和材料の中で、使用量が比較的多くて（使用量は単位セメント量に対し 10〜30%、最大 60〜70 %）、それ自体の容積がコンクリートの調（配）合の計算に算入されるものです。

(6)混和材料の種類と効果

1)混和剤の種類と効果

　混和剤はワーカビリティー、水密性、耐久性などコンクリートの品質を経済的に改善させることができる材料です。混和剤は、コンクリート用化学混和剤とその他の混和剤に区分されます。前者は、コンクリートの品質を総合的に改善するために用いるコンクリート用化学混和剤であり、後者はコンクリートの品質改善や多様化する施工方法に対応し、特定の機能を有する混和剤です。

2)混和材の種類と効果

　混和材は乾燥収縮、水和熱が小さく、化学抵抗性、耐熱性、水密性、アルカリ骨材反応防止効果などに優れ、コンクリートの品質や施工性の大幅な改善及びコンクリートの高強度化を主な目的として使用されています。混和材の形態は多くが粉体であり、セメントの一部と置換して使用する方法（内割り）と、セメントに付加（外割り）する方法があります。使用量は、混和材の種類によって異なりますが、セメント使用量に対して10〜30%程度です。ただし、高炉

スラグ微粉末は他の混和材よりも多く、セメント使用量に対して60〜70％（高炉セメントC種相当）使用する場合もあります。

3) 結合材の種類と効果

結合材とは、セメントとセメントと同時に用いる高炉スラグ微粉末、フライアッシュ、シリカフュームなどの無機系物質の総称で、一般に比較的多量に使用し、コンクリートの強度発現に寄与する物質を言います。

コンクリートは基本的に、セメント・水・骨材・空気の3種類から構成されており、これらを混合したときに水と反応して固まるのは、セメントの働きによるものです。水と反応して硬化する物質は、セメントに限りません。高炉スラグ微粉末は、これ自体で硬化する性質は微弱ですが、セメントが水和するときに生成する水酸化カルシウム（$Ca(OH)_2$）によるアルカリの刺激により、水と反応して硬化する性質を有してしています。これを「潜在水硬性」と言います。高炉スラグ微粉末をセメントと混合して用いる場合には、高炉スラグ微粉末自体も結合材と考えます。

これと似たような働きをする物質にポゾラン材があります。ポゾランとはシリカ質の二酸化ケイ素（SiO_2）を多量に含んだ物質の総称です。天然ポゾランとしては、火山灰、珪藻土など、人工ポゾランとしては、フライアッシュ、シリカフュームなどがあります。これらの物質は、それ自体に固まる性質はありませんが、ポルトランドセメントが水和するときに生成する水酸化カルシウムと反応して、安定な不溶解性化合物を生成して硬化する性質を持っています。この反応を**「ポゾラン反応」**と言います。

3-7 塩化物含有量

(1) 劣化する構造物

　コンクリート構造物は、一般の環境条件のもとでは、極めて耐久性に優れています。コンクリート構造物の早期劣化問題は、1983年のNHKニュースにおいて、山陽新幹線や阪神高速道路の高架橋の例が報告されたことに端を発し、今も関係各方面に深刻な波紋を投げかけています。

　近年、塩害による鉄筋コンクリート構造物の耐久性低下や早期劣化が顕在化し、大きな社会問題となっています。図1は、海砂の塩分（HaCl）が増加すると鉄筋の腐食が増加することを示しています。コンクリート構造物の維持管理において、コンクリート中の塩化物イオン含有量を把握することが極めて重要です。

　コンクリート中の鉄筋は、コンクリートの強アルカリ性（pH12～13）により、表面が不働態被膜で覆われ、腐食から保護されています。しかし、コンクリート中に一定量以上の塩化物が存在すると、塩化物イオンの作用により、鉄筋（鋼材）表面の安定した不働態被膜が破壊され、鉄筋が腐食しやすい状態になります。このため、コンクリート中の塩化物量は、構造物の機能や寿命を低下させることのないように、鉄筋腐食のおそれのない値以下に制限する必要があります。

　鉄筋コンクリート構造物に用いるコンクリートの塩化物量は、1986年以前まで細骨材に含まれる塩分（NaCl）の重量比で規制されていましたが、1986年6月からは、建設省住指発（建設省住宅局建築指導課長発）第142号の通達に基づき、総量規制が実施されています。

コンクリート中の鉄筋の腐食が、塩化物イオンの存在により促進され、発生した錆の膨張圧により、かぶりコンクリートにひび割れや剥離を引き起こし、鉄筋の断面減少（欠損）などを引き起こすことになります。塩化物イオン含有量試験を行う目的は、コンクリート構造物の性能及び耐久性が低下することへの対策の必要性について判断するためです。

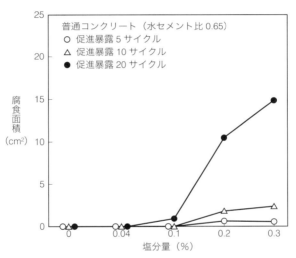

図1　海砂の塩分と鉄筋腐食度の関係 (樫野紀元ほか「海砂使用上の技術基準に関する研究（その3）」『日本建築学会大会学術梗概集』55（材料・施工・防火）、1980、p.29〜30)

(2) 塩化物イオンをもたらす原因

　コンクリート中の塩化物イオンをもたらす原因としては、次の2つが挙げられます。
　①沿岸構造物における海水粒子の飛来や、凍結防止剤（融雪、融氷剤：主に塩化ナトリウム）などによる外来塩化物
　②コンクリート材料に起因する内在塩化物（内在塩化物は海砂、

混和剤、練り混ぜ水及びセメントからもたらされます)

　前者の外来(飛来)塩化物に起因する鋼材の腐食は、日本海沿岸や沖縄などのコンクリート構造物に被害例が多いです。後者の内在塩化物に起因する鋼材の腐食は、コンクリートを製造するレディーミクストコンクリート工場の材料から供給される場合があります。例えば、未除塩海砂の使用、除塩が不足した海砂の使用などがあります。

(3)塩化物イオンで、どんな被害が発生するか

　コンクリート中の鉄筋の発錆、腐食の進行は塩化物イオンの存在により促進され、コンクリートにひび割れや剥離を引き起こし、鉄筋の断面減少などを引き起こすことになり、コンクリート構造物の耐久性能が低下します。

(4)コンクリート中に含まれる塩化物含有量の基準

　セメント、細骨材及び水の塩分とコンクリート中に含まれる塩化物含有量の判定基準は表1の通りです。

表1　セメント、細骨材及び水の塩分とコンクリート中に含まれる塩化物含有量

	各材料の塩分及び塩化物イオン含有量の判定基準
普通ポルトランドセメントの塩化物量	a. 旧建設省通達（平成2年2月）　0.02％以下 b. JIS R 5210（平成4年7月）　0.02％以下 c. 国土交通省大臣官房技術調査課（平成15年11月） 　0.02％→0.035％以下に改正 　（独立行政法人建築研究所調査　200ppm〜500ppm）
細骨材（砂）の塩化物量 （NaCl換算）	a. 普通骨材　JASS5　0.04％以下 　（長期及び超長期の場合は0.02％以下） b. JIS A 5308　0.04％以下 c. 再生骨材 M.L：JIS A 5022、5023　0.04％以下 　（購入者の承認を得て、その限度を0.1％以下） 　（独立行政法人建築研究所調査　0.01〜0.04％）
水の塩化物イオン（Cl⁻）量 （回収水含む）	a. 水道法第4条に基づく水質基準　200mg/l以下 b. JASS 5、JIS A 5308　200ppm以下
日本工業規格 JIS A 5308 （レディーミクストコンクリート 2009年改正）	荷卸し地点で塩化物イオン（Cl⁻）が0.30kg/m³以下、ただし購入者の承認を受けた場合に0.60kg/m³以下とすることができる。
日本建築学会 建築工事標準仕様書・同解説（JASS 5）	塩化物イオン量として、0.30kg/m³以下、やむを得ずこれを超える場合は、鉄筋防錆上有効な対策を講じるものとし、塩化物イオン量を0.60kg/m³以下とする。
土木学会 コンクリート標準示方書	全塩化物イオン（Cl⁻）の総量が、0.30kg/m³以下。 PC鋼材及び用心鉄筋を有する無筋コンクリートの場合などでは0.60kg/m³以下とする。
建設省住指発　第142号 コンクリートの耐久性確保に係る措置について（通知） 昭和61年6月	a. RC造等の建築物の構造耐力上主要な部分に用いられるコンクリート中に含まれる塩化物の含有量（塩化物イオン量）は、原則として、0.30kg/m³以下とする。 b. やむを得ず塩化物量が、0.30kg/m³を超え、0.60kg/m³以下のコンクリートを用いる場合においては、同号の規定に適合するものを取り扱う。
建設省告示第1446号 平成16年4月改正	塩化物含有量の基準値が塩化物イオン量として、0.30kg/m³以下に定められている。ただし、防錆剤の使用その他鉄筋の防錆について有効な措置を行う場合においてはこれと異なる値とすることができる。

3-8 コンクリートの強度推定式と限界強度

　打ち込まれたコンクリート構造物の強さを判定する非破壊試験の方法は、リバウンドハンマー（シュミットハンマー）でコンクリート表面を打撃して表面の硬さ（反発度）を測定し、圧縮強度を推定します。試験が非破壊で簡便に行えるという利点がありますが、測定精度には限界があります。反発度の測定は、部材厚さ10cm以上、断面の一辺（短辺）が15cm以上の部材に適用します。また、打撃は部材縁から5cm以上離れた位置で行います。薄い床板や壁の測定は、固定端や支持端に近い箇所で行います。

　シュミットハンマーの打撃数による基準反発度「R_o」から、コンクリートの圧縮強度（F）を推定する代表的な推定式を図1に示します。

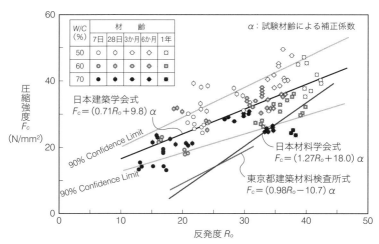

図1　圧縮強度と反発度（F_c：SI単位に変換）（柿崎正義『建築材料実験教材Ⅱ』2006年版、共立女子大家政学部、p.127）

コンクリートの打込み

4-1 打込み準備

(1)コンクリート品質確保

　コンクリートの打込みに関しては、十分な品質管理の下に、密実で均質なコンクリートを、いかに能率よく施工するかにつきます。最適な打込み計画は、第一に建物の用途による所要性能、建物の規模、施工時期、現場の立地条件と、現場の施工能力を考慮して立てます。第二に打込み計画は、打込み工程、打込み区画割り、施工方法、施工施設配置、施工組織などの検討を行います。

　コンクリート打込みに関する躯体工事の工期は、各工事による全工期の中のバランスを考慮して決定します。コンクリートの打込みは、建物の各層ごとに、水平区画に分割されます。建物の水平区画は、建物の平面規模や部材断面が大きく、各層による水平区画ごとのコンクリート数量が多くなる場合や、現場の立地条件により、1日に搬入可能なコンクリート量が限定される場合、さらに分割した垂直区画が必要となります。一般にはその現場の1日のコンクリート打込み能力を算出するにあたり、立地条件を考慮した生コンの搬入量、コンクリートポンプ車などによる場内運搬量以外に、打込み部位ごとにコンクリートの十分な品質管理の可能な打込み速度を考慮して決めます。

(2)打込み

　打込み準備は、打込みに先立ち、次の順序に従って行います。

1)生コンクリートの手配

　打込み日の約1月前（規模による）に打込み日、打込み量の概略を決め、生コン工場の出荷予定に入れます。打込みの前日には、打

込み部位、打込み時期に適した呼び強度、スランプ、空気量等の確認、打込み開始時刻、時間当たりの搬入量、昼休み等作業中止時間の予定等の事項を連絡・確認します。

2)現場技術者の業務分担

統括安全衛生責任者(現場所長)の下で、次の分担を定めます。コンクリート工事担当者は、率先して打込み関連作業員の指導管理ができるように、十分な知識が必要です。

①生コン材料の受入れ:配車連絡、誘導、伝票確認、荷卸し時の品質検査立合い、供試体採取立合い

②打込み指示及び筒先管理、筒先品質検査、施工管理用供試体採取

③締固めの指揮

④せき板、鉄筋の点検・保持等の指揮

⑤コンクリート仕上り面の指示・管理

3)圧送業者との打合わせ

担当者は使用機械、圧送配管の種類・経路、配管時間等を連絡・確認するとともに、コンクリートポンプ車が故障した場合の予備機械の手配、その所要時間などを圧送業者と打ち合わせます。

4)打込み機器の配置計画及び準備と整備

工事前の準備としては、水平配管の受けの升、ホッパ、シュート、角スコップ、振動機、突き棒、木づち、均し木ごて、金鏝、タンパー、バケツ、ほうき、懐中電灯などと、故障や破損時の代替が速やかにできるよう用意します。

5)せき板、支保工、配筋、埋込み物の打込み前検査

①せき板の建込精度、せき板の欠損部、隙間の有無、せき板連結金物の締まり具合、支保工の間隔、筋交いなどの変形防止の入

れ方などを確認します。
　②鉄筋の所要配筋、位置及び結束状態の確認、かぶり厚さの確保、補強筋等の確認を行います。
　③設備用配線、ボックス、配管、スリーブなど埋込み物が堅固に保持され、コンクリート打込み時に移動がないか確認します。
　④その他、ブロック用の差筋、サッシや金物用のアンカー、天井インサートなどの確認を行います。

6）工事用給排水設備及び照明・配線設備
　①コンクリートを打込む前に散水を行うため、最寄りの場所に給水設備を設けます。散水による余剰水の排水も考慮します。
　②コンクリート打込み下部では、せき板・支保工の点検やせき板のはらみ、コンクリートの漏れの点検処理、せき板面のたたき等で作業員が速やかに移動するため、十分な照明を必要とします。
　③コンクリート打込み・表面仕上げに要する時間が夜間になる場合、コンクリート打込み階での照明を用意します。
　④コンクリート棒形振動機、型枠振動機用に、キャップタイヤコードに見合う間隔に、コンセントを設けます。

7）せき板内の清掃
　①コンクリート打込み前には、せき板の組立て中に出る木片、ベニヤ片、木くずや断熱材の破片など、せき板内への落下物、挿入物を除去、清掃します。
　②地下躯体施工時には、埋め戻し土や山留め側壁杭などの土砂がコンクリートの水平打継ぎ面に溜まりやすいので、点検・除去します。
　③打込み区画で垂直区画を設けた場合は、打継ぎ部の処理や上部

でのせき板材の移動に伴い、垂直打継ぎ部の下に異物が溜まりやすく、除去しにくいのでせき板の最下部に掃除口を設けます。

8)コンクリート関連作業責任者との打合わせ

　コンクリート打込み以前及び進行状況に応じて、筒先、打込み、締固め、表面仕上げなどのコンクリート工や型枠大工、鉄筋工、左官、設備工などの関連作業の責任者と作業員配置について打ち合わせます。

9)打込み直前のコンクリートの品質検査員の確保

　荷卸し地点と打込み直前による筒先でのコンクリートの品質検査は、現場の責任者が現場技術者の自主検査として行うことが原則です。それができない場合は、第三者の検査会社に依頼するか、又は生コン業者と別契約をして品質検査も一緒に行います。

(3)天候の予測とその対策

①コンクリートの打込みは気象に左右されますので、東京天文台編の『「理科年表』により、あるいは最寄りの気象台に問い合わせて、年間を通じた気象状況を把握して、各部位、区画のコンクリート打込み時期ごとの対策を立てます。

②打込みの休止時間を予測して、許容打継ぎ時間を定めて打込み順序を限定します。

③気温、湿度、風速等による仕上げ時間を予測します。

④事前に降雨養生、保温養生の準備をします。

⑤暑中環境では、現場内の運搬中のスランプ低下対策として、打込み前のせき板・打継ぎ面の日射覆い、散水による温度上昇の抑制、コンクリート配管の日射覆いなどを行います。

⑥寒中コンクリートでは、打込み後の初期凍害防止養生、適当な保温・採暖設備の準備をします。

4-2 鉄筋・せき板の組立て

(1)鉄筋の組立て
1)鉄筋工事とは

　鉄筋工事は、鉄筋コンクリート構造体の耐力、耐久性などの品質を確保する上で、非常に重要な工事です。施工担当者は、鉄筋の構造的役割を理解した上で施工計画を立て、鉄筋の加工、組立てなどの業務を行います。鉄筋工事は、型枠工事、コンクリート工事と関連し、三位一体となって施工しなければなりません。施工計画を立てるには、設計図書を事前に検討し、特記事項や確認・承認・指導事項、特定行政庁の指導要綱や指導事項、報告事項などを明確にしておきます。仕様書で定められている所要の品質が確保できるか、設計を十分に検討して、不可能だと判断される場合は、設計者、工事監理者と打合わせします。

　鉄筋コンクリート工事は、次の3点を目標として施工します。
　①**品質**：強度、耐久性、水密性などの所要の品質のコンクリートを、ばらつきが小さくなるようにつくり、分離が起こらないように打ち込み、コンクリート部材及構造物を所定の寸法、形状、位置・仕上げのとおりに完成します。
　②**安全性**：施工中に部材や構造物が過度に変形し、破損・崩壊が生じ、作業員や機材に危険がないように準備と管理を行います。
　③**経済性**：所定の工期内に完成させつつ工費を節減できるように、材料、機器、設備及び人員を効率よく運用します。

　このためには、計画・準備・調合・材料、打込み前、打込み中及び打込み後の各段階で、品質管理・検査項目を定め、これらに基い

て確実に施工します。鉄筋配筋の3原則は、「**力学的に合理性がある**」「**物理的に可能**」「**施工が容易**」であることです。

2）施工準備

施工の準備段階では次の事項について検討します。

① 仕様書の確認：使用材料の種類、使用区分、銘柄指定の有無、加工規準、組立て規準、特殊継手の有無、検査要領

② 設計図の確認：構造設計図（配筋基準図、各種伏図、断面図、軸組図、断面表、架構配筋詳細図、各部配筋詳細図）、設備図

③ 資材と工事の発注：鉄筋量の算出、鉄筋の発注、労務費の算出と工事の発注、その他の所要資材の発注

3）施工管理計画書の検討

① 鉄筋工事工種別施工計画書（見積、発注条件書）：工事の与条件、発注条件を明示したもので、設計仕様、受入れ基準、施工法の要点、関連工種取り合い上の特記、試験・実験内容、計画及び実施スケジュール、工事範囲、自主管理要望事項などを記載します。工事業者（鉄筋工事業者、圧接業者など）はこれに基づいて施工要領書を作成します。

② 施工要領書：設計図書、仮設計画、工種別施工計画書に基づいて工事業者が作成します。実際には配筋組立てをどのように行うかを明示します。施工要領書は作業環境や施工管理の基となるもので、一般事項、工事概要、施工体制編成表、使用材料と補助材料、加工要領、組立て要領、納まり図、配筋検査などを記載します。

③ 組立て図・加工図：組立て図は、工事業者の方で作成されます。組立て図は基礎、柱、梁、壁、床などの代表的な部位及び取合

い部のほか、階段や煙突などの特殊部位などについて作成します。それには、部材の鉄筋の種類・径・長さ・本数・定着・かぶり厚さ・寸法・間隔・継手位置と方法、鉄筋うまやバーサポートの配置、開口部補強、差筋などを示します。加工図はこれらの組立て図に基いて作成します。これらは正確な配筋をするための基本となるものです。

④仮設計画：仮設計画の良否は、仕事のでき具合や工期、安全を左右するもので、工事業者と協議して、材料置場、加工場、ストックヤード、鉄筋足場・作業通路、揚重設備・取込みステージなどの仮設計画を立て、施工要領書を作成します。

4）鉄筋組立て

鉄筋の組立ては、設計図、配筋規準及び鉄筋組立て図に示された配筋順序に従って所定の位置に正しく配筋します。構造体の位置の精度は、部位により表1の許容誤差の範囲内で寸法を確保します。

表1　構造体の位置及び断面寸法の許容差

項目		許容差（mm）
位置	設計図に示された位置に対する各部材の位置	±20
構造体及び部材の断面寸法	柱・梁・壁の断面寸法	－5、＋20
	床スラブ・屋根スラブの厚さ	
	基礎の断面寸法	－10、＋50

（日本建築学会『建築工事標準仕様書・同解説 JASS5 鉄筋コンクリート工事2015』p.9）

設計図に示された鉄筋のせき板に対する「あき」の許容差は、＋20mm、－10mmです。許容差を＋側と－側で異なった値としたのは、鉄筋の位置を部材の内側に寄せ、耐久性に対して安全側としたためです。鉄筋相互の「あき」は表2の数値を満足し、かつコンクリートの打込み・締固めの際にコンクリート棒形振動機を挿入し、

操作できる「あき」を確保することにより、コンクリートが充填されます。

　鉄筋は相互に結束線で結束し、バーサポートやスペーサーを所定の間隔に設け、鉄筋を保持します。鉄筋はコンクリートの打込み時

表2　鉄筋相互のあき・間隔の最小寸法

種類	図	あき	間隔
異形鉄筋	間隔 D あき D	●呼び名の数値の1.5倍 ●粗骨材最大寸法の1.25倍 ●25mm のうち最も大きい数値	●呼び名に用いた数値の1.5倍＋最外径 ●粗骨材最大寸法の1.25倍＋最外径 ●25mm＋最外径 のうち最も大きい数値
丸鋼	間隔 d あき d	●鉄筋径の1.5倍 ●粗骨材最大寸法の1.25倍 ●25mm のうち最も大きい数値	●鉄筋径の2.5倍 ●粗骨材最大寸法の1.25倍＋鉄筋径 ●25mm＋鉄筋径 のうち最も大きい数値

注）D：鉄筋の最外径、d：鉄筋径
（日本建築学会『建築工事標準仕様書・同解説 JASS5 鉄筋コンクリート工事2015』p.332）

表3　鉄筋の最小かぶり厚さ

部位			日本住宅性能表示		建築基準法施行令注
			水セメント比50%以下	水セメント比55%以下	
直接土に接しない部分	耐力壁以外の壁又は床	屋内	2cm	3cm	2cm
		屋外	3cm	4cm	
	耐力壁、柱又は梁	屋内	3cm	4cm	3cm
		屋外	4cm	5cm	
直接土に接する部分	壁、柱、床、梁又は基礎の立ち上がり部分		4cm	5cm	4cm
	基礎（立ち上がり部分及び捨てコンクリートの部分を除く）		6cm	7cm	6cm

注）建築基準法施行令第79条及び関連告示第1372号
（日本住宅性能表示基準及び評価方法基準（国土交通省告示第354号、劣化の軽減に関すること、2009年4月最終改正）

の衝撃やコンクリート棒形振動機の使用などで移動・乱れがないようにします。鉄筋はコンクリート打込み時に有害量のずれ、変形のないように、所定の鉄筋かぶり厚さ（表3）が確保できるように堅固に組み立てます。

(2)鉄筋のプレハブ化工法

　鉄筋のプレハブ化工法は、柱部材や梁部材などをあらかじめ地組みしておいて、これらを建て込み、組み立てることから、施工精度の向上、システム化による工期短縮、管理の容易化、労務の平準化と現場労務の省力化などに効果があります。この工法は、敷地条件、建物条件及び設計条件に左右されるため、計画の段階で検討しなければなりません。

(3)せき板の組立て

1)せき板とは

　せき板は、打ち込まれるコンクリートの「鋳型」であるため、コンクリート構造物を建造する場合に不可欠なものとして、躯体工事の中で質的、量的、時間的に重要な工事として位置付けられます。せき板には「強度・剛性」（打込み時外力、環境外力）、「寸法精度・形状」、「コンクリート仕上がり面の平滑性」、「作業性」（加工、組立て、取外し、運搬）、「安全性」（運搬、組立て時、打込み時、取外し時）、「経済性」（メンテナンス費・労務費）などの性能が要求されます。

2)せき板の設計

　せき板の組立てには、せき板の設計をはじめとして、せき板自身がコンクリートの打込み・締固め作業時に、あるいは風・積雪などの環境外力に対して破壊しないように設計します。コンクリートポンプを用いてコンクリートの運搬、打込みを行う場合には、せき板

に局部的な側圧がかかり、はらみや変形を生じやすいので、所定の位置・形状及び寸法が得られるよう十分な剛性を持つように設計します。コンクリートの側圧の安全計画は、圧送管の振動によって変形が生じないよう、筋交いを用いて補強します。

3) せき板の組立ての基本事項

せき板の組立てでは、鉄筋の納まりや組立て精度が悪いと、せき板の精度も悪くなり、所定のかぶり厚さの確保が難しくなります。実際の工事では設計図書を読み込み、納まりを十分検討し施工に当たる必要があります。施工においては所定のバーサポートやスペーサーを挿入し、所要のかぶり厚さを確保します（表3）。

せき板は、計画図及び工作図にしたがって加工、組立てを行います。支柱は鉛直に立て、また上下階の支柱はできるだけ同一位置に立てます。せき板は、セメントペーストやモルタルが継ぎ目から漏出すると、コンクリートの品質が変化するので、隙間なく組み立てます。柱のせき板の足元や壁のせき板の足元は、垂直精度の確保とペーストのノロ漏れ防止のため根巻きを行います。せき板は、コンクリートの打込み・締固めによって移動・変形が増大するので、組立てを堅固にしておかなければなりません。

コンクリートを打ち込む前には、せき板内部の点検及び清掃が必要です。柱・壁の内部には、床スラブを湿らすために満たした水や木屑、ごみが入っていることが多いので、足元に掃除口を設けて点検・清掃・除去を行います。その後、コンクリートの打込み直前には、掃除口を閉鎖します。

4) せき板の組立て順序

合板せき板工法による組立ての標準的なものを想定し、鉄筋・設

備工事などの関連工事を含めた施工順序を示します。
　①墨出しが終わると、柱筋の組立て。
　②並行して、電気設備、給排水などの埋込み配管、スイッチボックスなどの取付け。
　③墨出し通りせき板を建て込み、セパレーター・フォームタイで緊結。
　④梁せき板の組立て。
　⑤梁せき板の組立ては、梁底せき板をサポートで支持して先組み。
　⑥後で側板を取り付ける方法と、先に床スラブ上などで梁底せき板側板を組み立て締め付け、所定位置にセットする方法があります。
　⑦梁せき板組立てと壁筋の配筋を行い、壁せき板を組み立てます。
　⑧窓の開口部のせき板や設備配管、ボックス類の取付けなどを行った後、反対側せき板を建て、両側を緊結します。
　⑨最後に、床せき板を組み立てます。
　⑩合板はサポート、大引き、根太の割付け通りに敷き込みます。
5）せき板の精度
　各施工段階で、適当な検査を行い、指示を与えます。
　①せき板を転用・再使用するときの補修と、はく離剤の塗布。
　②せき板組立て時は、常に労働安全衛生規則第242条〜第247条の規定を守って作業が行われているかどうかを点検します。
　③せき板工事と関連する工事の工程上必要な打合わせを行い、工事の問題点を調べて対策を練ります。
　④せき板の組立て精度は、使用するせき板、諸資材、せき板大工の技量、手間単価、工期の長短などに左右されます。せき板の

精度は、打ち上がったコンクリートの仕上がり状態に影響されます。表4に日本建築学会の規定する仕上がりの平坦さを示します。参考として部位による仕上げ材料を示しています。

表4　仕上がりの平坦さ

コンクリートの内外装仕上げ	平たんさ（凸凹の差）(mm)	参考 柱・壁の場合	参考 床の場合
仕上厚さが7mm以上の場合、または下地の影響をあまり受けない場合	1mにつき10以下	塗壁 同縁下地	塗床 二重床
仕上厚さが7mm未満の場合、その他かなり良好な平たんさが必要な場合	3mにつき10以下	直吹付け タイル圧着	タイル直張り じゅうたん張り 直防水
コンクリートが見えかがりとなる場合、また仕上厚さがきわめて薄い場合、その他良好な表面状態が必要な場合	3mにつき7以下	打放しコンクリート塗装 布直張り	樹脂塗装床 耐磨耗床 金ごて仕上げ床

（日本建築学会『高耐久性鉄筋コンクリート造設計施工指針案・同解説』1991、p.124）

4-3 打込み前の配筋検査

(1) 配筋

　配筋とは、鉄筋コンクリート造の建築物における鉄筋の配置のことを言います。配筋図は柱・梁・壁・スラブ・基礎など、それぞれの鉄筋の配置と寸法、数量、種別などを示した図面を言います。配筋検査とは、鉄筋コンクリート構造物の工事において、配筋図に示されたように鉄筋が正しく配置されているかどうかを確認する検査のことを言います。

　施工者は、鉄筋の加工・組立てにおける品質管理・検査を随時行い、正しい配筋が行われるように管理します。鉄筋の組み立てられた後は、検査及びそれに伴う修正について非常に多くの手間が必要な場合が多いです。仕上げ前の検査では、配筋完了に至るまでの各工程を、設備などの関連工事との調整を図りながら、適切に管理する必要があります。

　打込み前の配筋検査には、次の3通りの検査手段があります。

(2) 日本建築学会　JASS 5-2015、10.13（配筋検査）

　日本建築学会では工程ごとに、管理項目（日本建築学会 JASS 5-2015、10.13（配筋検査）の解説表 10.6）を設定しており、これに対して、具体的な管理水準及び検査方法をあらかじめ明確にしておかなければなりません。鉄筋の加工・組立てにおける品質管理・検査は、日本建築学会　JASS 5-2015、11.8（表 11.5：鉄筋工事における品質管理・検査）によります。また、ガス圧接継手の品質管理・検査は、JASS 5-2015、11.8（表 11.6：鉄筋工事における品質管理・検査）によります。柱・梁の溶接継手や機械式継手及び溶接閉鎖形せ

ん断補強筋の継手の検査は、JASS 5-2015、10.13（配筋検査）の解説表 10.7 ～ 10.9 にあります。

　施工者は、品質管理と別に鉄筋組立て（配筋）後の鉄筋の位置・組立て精度及び鉄筋のかぶり厚さの精度が、構造耐力の他、部材や建物の耐久性に直接影響するので、コンクリート打込み前に工事監理者の配筋検査を受けます。検査を受ける場所については、工事監理者の指示によります。検査を受ける時期は不備があった場合の手直し、再組立てに要する労力・時間を考えると、一度にまとめて検査を受けるのではなく、組立て工程の途中に出来るだけ細かく区切って受けるのが良いと言えます。ただし、検査を受けた後には、鉄筋の位置を変えたりしてはなりません。JASS 5 では、組立て後の鉄筋の許容差について規定していませんが、所定のかぶり厚さは確保しなければなりません。

(3) 建築基準法の改正による中間検査

　1998 年 6 月の建築基準法の改正による中間検査の主旨をみますと、1995 年 1 月 17 日の阪神・淡路大震災では、施工の不備が原因と考えられる建物被害が多く認められ、施工段階における検査の重要性及び必要性が認識されました。このような背景を踏まえて、建築基準法は改正され、新たに中間検査制度が導入されました（1999 年 5 月 1 日施行）。その後に耐震偽装事件が発生し、2007 年 6 月 20 日に改正建築基準法が施行され、同法 7 条の 3 第 1 項第 1 号で「階数三以上である共同住宅の二階の床及びこれを支持する梁に鉄筋を配置する工事の工程」に中間検査が義務化されました。

　この制度は、建築基準法、建築士法に基づく工事監理報告制度、建築基準法第 12 条報告・検査等制度及び完了検査制度と連動した制

度であり、当該建築物の施工段階の適法性を確認し、あわせて工事監理者等が適正な工事監理を行うよう指導することで、建築物の安全性の確保を図ることを目的としたものです。

中間検査は、完了検査で見えなくなる部分を、工事の中間において、建築主事、特定行政庁の命令、建築主事の委任を受けた市・県の吏員または国土交通大臣の指定を受けた指定確認検査機関が、特定工程を終えたとき、既に工事されている部分が建築基準法等の関係規定に適合しているかどうかを検査するものです。

建築主（発注者）は、建築物の安全性、適法性、品質の確保のために、自己の責任において、建築士の資格を持っている設計者と工事監理契約を行って工事監理を実施することが重要です。

表1によると、2007年6月20日の改正建築基準法で「階数三以上である共同住宅の二階の床及びこれを支持する梁に鉄筋を配置する工事の工程」が義務化され、用途及び規模の建築物が特定工程に達したときに中間検査に合格しなければ着手してはならない工程として特定工程後の工程が示されました。

表1の1から5までの工程のうち二以上の工程が存する場合は、いずれも早期に施工する工事を、1から5までのいずれかの工程を二以上に分けて施工する場合は、二以上に分けた工区のうちいずれか早期に施工する工区の工事を特定工程とします。

(4)住宅瑕疵担保責任保険の現場検査

住宅瑕疵担保責任保険は、特定住宅瑕疵担保責任の履行の確保に関する法律により、保険契約の締結が義務化されています。建設業者または宅地建物取引業者は、2009年10月1日以降に建築主（発注者）や建物購入者に新築住宅を引き渡すとき、この法律によって

住宅品質確保促進法に基づく10年間の瑕疵担保責任を果たすために必要な資力を「保険の加入」又は「保険金の供託」により確保することが義務となります。これに伴い、現場検査が必要となります。

現場検査は、住宅瑕疵担保責任保険付保のために設計・施工基準への適合性を確認するもので、建築基準法に決められた中間・完了検査や建築士法に決められた工事監理と異なります。

表1 建築基準法によって特定行政庁が指定する特定工程

No.	建築物の構造等		特定工程	特定工程後の工程
1	木造		屋根の小屋組工事及び構造耐力上主要な軸組工事(枠組壁工法にあっては耐力壁の工事)	構造耐力上主要な軸組及び耐力壁を覆う外装工事(屋根葺き工事を除く)及び内装工事
2	鉄骨造	地階を除く階数が1	1階の鉄骨その他構造部材の建て方の工事	構造耐力上主要な部分の鉄骨を覆う耐火被覆及び内外装工事
		地階を除く階数が2以上		
3	鉄骨鉄筋コンクリート造	地階を除く階数が1	1階の鉄骨その他構造部材の建て方の工事	屋根及び梁(基礎ばりを除く)のコンクリート打込み工事
		地階を除く階数が2以上		2階の梁及び床のコンクリート打込み工事
4	鉄筋コンクリート造	地階を除く階数が1	屋根及び梁(基礎梁を除く)の配筋工事	屋根及び梁(基礎梁を除く)のコンクリート打込み工事
		地階を除く階数が2以上	2階の梁及び床の配筋工事	2階の梁及び床のコンクリート打込み工事
5	1から4までに掲げる構造以外のもの	地階を除く階数が1	屋根版の取付け工事	構造耐力上主要な部分(基礎及び基礎ぐいを除く)を覆う内外工事
		地階を除く階数が2以上	2階の床版の取付け工事	

(建築基準法同法7条の3項第1項第1号、中間検査・完了検査、2007年6月20日改正)

4-4　加工寸法と許容差

　1975年以降、太径鉄筋や高強度コンクリートの使用が多くなっています。そのために鉄筋は小さいコンクリート断面内に多数配置しなければならなくなり、鉄筋の組立て方・納まりを現場任せにしていると、設計者の意図した状態にならない場合が多くなっています。
　一方では、施工の合理化から、鉄筋の加工及び一部の組立てが専門の加工工場で行われることが一般化してきたため、実際の鉄筋の組立て方から算出した正確な加工寸法・加工形状を明確に指示することが必要となってきています。このことから、鉄筋の加工及び組立ては設計図に従って行わなければなりません。
　一般の辞書には、「公差」についての説明がありますが、「許容差」という言葉はありません。仕様書として、公共建築工事標準仕様書はありますが、加工寸法の許容差について法令で決まっていませんので記載がありません。「寸法公差」(dimensional tolerance) は、機械加工の工作物の許容される誤差の最大寸法と最小寸法との差であり、「公差≒許容差」と考えてもよさそうです。
　JIS Z 8114（製品―製作用語）の「機械加工」では、部品図に表示された寸法（基準寸法：basic dimension）と全く同じ寸法で加工を行うことはできないため、鉄筋の太さに応じて、実際の寸法として許される最大値と最小値が決められています。
　なぜ寸法公差が必要なのか。それは寸法公差が許されうる加工最大誤差のことを言い、工業規格で規定されている機械（鉄筋）加工物が、図面に表示された寸法に対して、どの範囲まで許容されるのかを判断するためです。例えば、寸法100と指示されたもので最大、

最小いくつまで良品とするかを指示します。その上限は大きさのばらつきの範囲で許される最大寸法を「最大許容寸法」、下限は大きさのばらつきの範囲で許される最小寸法を「最小許容寸法」と言います。

計測用語（JIS Z 8103）の公差（tolerance）とは規定された最大値と最小値との差、許容差（limit deviation tolerance）とは、①基準にとった値と、それに対して許容される限界の値との差、②ばらつきが許容される限界の値です。

JASS 5 には、主筋、あばら筋、帯筋などの加工寸法の許容差が規定されています。1975 年版以前の加工寸法の許容差は、丸鋼と異形鉄筋について単位 cm で規定され、1986 年版以前では、丸鋼と異形鉄筋について単位 mm で規定されていました。しかし、1991 年以降は、表 1 のように異型鉄筋の加工寸法の許容差を単位 mm で規定しています。

鉄筋は、配筋詳細図に基づいて、加工形状・加工寸法が定められると、実際の加工においては、それに対する許容差が必要になります。その値を示したのが表 1 です。加工寸法は鉄筋の中心軸を基準とせず、図 1 に示すように、すべて外側寸法で測ります。

加工寸法の測定は突当て長さ（外側寸法）が、この許容差内に収まっていることをチェックできるゲージで行うのが良いです。これ

表 1　加工寸法の許容差

項目			符号	許容差（mm）
各加工寸法	主筋	D25 以下	a、b	± 15
		D29 以上 D41 以下	a、b	± 20
	あばら筋・帯筋・スパイラル筋		a、b	± 5
加工後の全長			l	± 20

（日本建築学会『建築工事標準仕様書・同解説 JASS5 鉄筋コンクリート工事 2015』p.325）

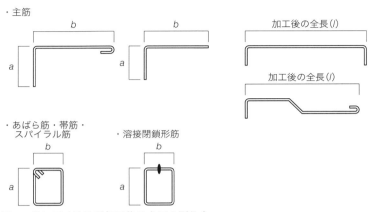

図1　各加工寸法及び加工後の全長の測り方（日本建築学会『建築工事標準仕様書・同解説 JASS5 鉄筋コンクリート工事 2015』p.325）

は、鉄筋組立てにおいて許容される加工精度のレベルであり、一般的には加工者に指示するため、図面などに表記されるものです。

　加工された鉄筋は、ばね効果によって元に戻る性質があり、運搬及び荷卸し作業などの取扱いにより、曲げ角度が狂うことがあります。甚しい場合には、配筋に先だって曲げ角度を矯正しなければなりません。加工寸法の許容差を、±○ mm で表示し、図1に各加工寸法及び加工後の、全長の測り方の例が示されています。

　工場で加工した突合せ溶接閉鎖形の帯筋・あばら筋の大量配筋は、高精度確保のため、鉄筋コンクリートの梁及び柱、プレキャストコンクリート工法、先組み鉄筋などのせん断補強筋として使用されています。これらは、在来の135°フック付き帯筋・あばら筋に比べて、鉄筋組立て時の剛性確保に適しており、部材の横拘束の性質が向上するとともにコンクリートの充填性も良くなります。

突合せ抵抗溶接は、製品規格に指定された溶接条件及び品質管理のもとで行います。異形鉄筋 D10 〜 D25 の場合は、アップセット溶接、カーボン量の多い高強度鉄筋 D10 〜 D41 の場合には、フラッシュ溶接が使われています。これらを使用する場合には、溶接部の信頼性確保の点から指定性能評価機関などにより性能が確かめられたものとし、設備の整った工場で、製品規格、品質基準に従って製作されたものを使用します。

4-5 かぶり厚さ

(1) 基礎底盤のかぶり厚さ

かぶり厚さとは、鉄筋の表面とこれを覆うコンクリートの表面までの最短距離のことで、表1に規定を示します。所定のかぶり厚さが確保されないと、建物に構造的・耐久的な問題が生じます。

表1　最小かぶり厚さの規定（mm）

部材の種類		短期	標準・長期		超長期	
		屋内屋外	屋内	屋外[注2]	屋内	屋外[注2]
構造部材	柱・梁・耐力壁	30	30	40	30	40
	床スラブ・屋根スラブ	20	20	30	30	40
非構造部材	構造部材と同等の耐久性を要求する部材	20	20	30	30	40
	計画供給期間中に維持保全を行う部材[注1]	20	20	30	(20)	(30)
直接土に接する柱・梁・壁・床及び布基礎の立上り部		40				
基礎		60				

注1) 計画供用期間の級が超長期で計画供用期間中に維持保全を行う部材では、維持保全の周期に応じて定める。
　2) 計画供用期間の級が標準、長期及び超長期で、耐久性上有効な仕上げを施す場合は、屋外側では、最小かぶり厚さを10mm減じることができる。
（日本建築学会『建築工事標準仕様書・同解説　JASS5 鉄筋コンクリート工事2015』p.13）

裁判・調停などの争いになった場合には、基礎の底盤部を"コア抜き"することにより、確認する場合があります。完成した建物の基礎から切り取ったコアにより、切断された鉄筋の位置が明確に確認できます。鉄筋のかぶり状況を確認するために、建物の基礎からコアを抜くということは、既に異常事態です。施工者としては建築主から信用されていないということです。

写真1～3の事例の場合、底板上部のかぶり厚さは、確保されて

いますが、底盤下部のかぶり厚さは、約30mmでした。本来は、底盤下部のかぶり厚さは60mm必要とされていますので、かぶり厚さが不足しています。

写真1　基礎スラブからコア抜き

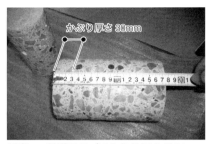
写真2　基礎スラブのかぶり厚さが30mm

基礎底盤下部はかぶり厚さが60mm必要であるという基準を、現場で勝手に逸脱することは許されません。現場で施工する場合には、現場での施工誤差10mmをプラスして、設計かぶり厚さ70mmを目標に組み立てるべきです。施工誤差とは、コンクリート打ちによるかぶり厚のずれ、鉄筋組立て時の緩みなどです。

現場では、**施工誤差**が必ず存在しますので、誤差を加算して施工することです。一般的に、住宅現場において、基礎を施工する職人が施工中に鉄筋を踏むことがあり、鉄筋は下がりがちとなります。それを防止するためには、"捨てコン"を打ち込み、スペーサ（例えばサイコロ、連続リブなど）を設置することによ

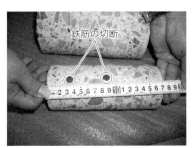
写真3　基礎スラブから多数のコアを抜き鉄筋を切断

り、鉄筋の下がりを防止するのです。写真の数値から判断すると、基礎の施工精度は悪いと言えます。このことは工事途中の配筋検査のときに、工事を管理する立場にある工事担当者や工事責任者のチェックが不足していたこと、及び工事監理者の確認不足といえます。

一般の住宅現場では、捨てコンを施工しないことが多いです。捨てコンは、墨出しを容易にしたり、歩行しやすくするためのものであり、捨てコンの厚さをかぶり厚さに加えてはならないのです。施工者側には数値に認められないものを、わざわざコストをかけて施工したくないという考えがあります。

しかし、捨てコンの施工は、かぶり厚さや施工精度などが確保されますので、敷設する方が望ましいです（品質を完全に確保できるならば、省いてもよいという意味です）。基礎や基礎梁のやり直しなど、過去に痛い目を味わった施工店は、その後、捨てコン施工を実施することが多いです。

(2) 鉄筋のかぶり厚さ

鉄筋のかぶり厚さは、次の3点が考慮されて、基準として設定されています。

①鉄筋の付着強度をふまえた構造耐力（構造性能）
②火災時の鉄筋の温度上昇をふまえた耐火性
③コンクリートの中性化対策をふまえた耐久性

①構造耐力については、建築基準法施行令第79条1項において、耐力壁以外の壁または床にあっては、2cm以上とされています（p.85）。JASS5の屋外の最小かぶり厚さは20mmと規定されていますが、法令的には2cm以上確保されるなら良しとします。

②耐火性については、基礎の底盤部分が地面より下部になるため、火災の際の炎が上昇する関係で影響が少なくなります。したがって問題としては、優先順位が低くなります。
③耐久性については、現実に基礎の底盤部分で最も問題とされるのは、コンクリートの中性化の進行による耐久性の劣化です。かぶり厚さ不足の問題は、中性化にあると言えます。

コンクリートは、通常"pH12〜13"という、かなりの強アルカリ性を呈しています。その中に埋め込まれた鉄筋の表面は、薄い酸化皮膜で覆われ、不動態化して、腐食から保護されることにより錆びません。しかし、コンクリート表面から、大気中の二酸化炭素との反応により、徐々にアルカリ性が失われます。アルカリ性が失われ、中性化が鉄筋表面位置に到達すると、鉄筋の腐食に対する保護作用を失い、鉄筋の発錆条件が整うことになります。ただし、環境が悪くなければ、一気に発錆することはありません。
一般的に、鉄筋コンクリート造建物は、次の"中性化説"により、鉄筋の発錆条件が整うときをもって、耐用年数とされています。

▷鉄筋コンクリートの中性化説
鉄筋コンクリート造構造物の寿命はどの程度かを決める、"中性化説"と呼ばれる考え方があります。
アルカリ性の中の鉄筋は錆びません。中性化したコンクリートは、圧縮強度が低下するわけではありませんが、鉄筋が錆び始めると構造物として具合が悪いのです。
たとえ、鉄筋の発錆が始まったからといっても、現実に

> 基礎が即時に破壊されるわけでもありませんが、コンクリート表面から少しずつ中性化していき、鉄筋表面の位置まで中性化が到達すると、鉄筋の発錆により、建物の耐用年数を迎えるとされています。
>
> 　鉄筋コンクリート造建物の標準耐用年数を評価する際は、かぶり厚さの現実の施工誤差なども考慮され、安全性をみて、かぶり厚さを3cmとして計算します。中性化が3cm進行する年数について、概算ですが岸谷孝一氏提唱による公式があります。
>
> 　概算公式　耐用年数 $Y = 7.2X^2$　（X はかぶり厚さ cm）
> 　7.2(定数)×3(かぶり厚 cm)×3(かぶり厚 cm)＝64年
> 　よって、鉄筋コンクリート構造物の耐用年数は60年と想定されています。

　国税庁（旧大蔵省）ではかぶり厚さを3cmと仮定した場合、一応約60年の耐用年数があるとされています。中性化説は、最悪の条件を想定した、かなり厳しい設定であると思います。また、目地があれば、目地の底から計測することになっています。基礎底盤のかぶり厚さの基準は、建築基準法によると、下部で6cm以上、上部で4cm以上と規定されています。かぶり厚さの規定は、地下水位や地中に含まれる塩分や酸などを考慮した、最悪の場合を想定して設定されているのです。

　地下水が常時上下して、基礎コンクリートが乾湿を繰り返すほどの悪条件は、現実には少ないです。建物が建っている状態で、基礎底盤の下側の土壌に、塩分や酸が浸透することは考えにくく、また

近隣の植木の生育状況をみてもわかるように、特に土壌に塩分や酸が多いわけではありません。

基礎底盤部分の土に接する部分には、コンクリート中性化の原因となる二酸化炭素が多くありません。それは土があるために二酸化炭素が入る空間が少なくなるからです。基礎底盤の上部にあたる床下空間の二酸化炭素濃度は、室内空間よりははるかに低いものです。二酸化炭素濃度は人間の呼気によるため、外気の二酸化炭素濃度は0.03％、室内の二酸化炭素濃度は0.1％とされています。中性化の進行は、当然に二酸化炭素濃度に比例しますので、室内空間の方が劣化しやすくなります。

写真4　工事中のスラブ筋の下端筋。かぶり厚さが確保できていない

写真5　床スラブ下端筋・柱のかぶり不足

現場では、写真4・写真5のように、鉄筋のかぶり厚さ不足で、鉄筋が見えそうな場合もあり、耐久性は低下することになります。

(3)かぶり厚不足に対する補強方法

　所定のかぶり厚さが確保されなかった場合の対処方法ですが、施工ミスを想定していないため、明確な基準はなく、文献にも記載がありません。「基準よりも○mm少ない場合には、基礎をやり直し」といったことは決められていません。建物の品質を確保する前提で、考えられる対処方法を提案します。

1)基礎スラブ下部におけるかぶり厚不足

　例えば薬液注入により、下側を強固な岩盤状態にして、スラブと一体化させることで、構造強度・耐久性が向上し、不同沈下の可能性がなくなり、かつ中性化の進行が少なくなります。かぶり厚不足という事実は問題ですが、構造強度・耐久性低下などのマイナス要素についてはコンクリートの打増し・打足しなどの補強が必要です。

2)基礎スラブ上部におけるかぶり厚不足

　コンクリートにひび割れ部があれば、エポキシ樹脂注入を行います。エポキシ樹脂注入完了後は、セルフレベリング材やモルタルなどにより、基礎スラブ上面に、耐久性上有効な仕上げを施します。コンクリートの中性化の進行を大幅に低下させることができ、建物耐久性の低下をほとんど無くすことが可能です。

　JASS5で云う耐久性上有効な仕上げとは、外部に防水層をつくるためのモルタル塗り、タイル張りなどの施工のことです。かぶり厚さは耐久性上有効な仕上げを施工することにより、10mm減じることができるとされています。コンクリート内部まで二酸化炭素が浸入しなくなるため、中性化対策としての効果が認められています。

4-6 コンクリートの打継ぎ位置

(1)一体化

　鉄筋コンクリート造（RC造）の建築物を建築する場合、一度のコンクリート打込みで完了することはできません。コンクリートの打込み能力には、作業過程ごとの限界があるからです。コンクリート打込みは日中の作業であり、天候・季節にも大きく支配されます。

　コンクリートの打継ぎは、一度硬化したコンクリートに対して、数日後に柱、梁、及び壁の水平・垂直部材に生コンクリートを打ち継ぐのですから、完全に一体化させることはなかなか難しく、コンクリートの表面の粗度や鉄筋による接続などで、一体化を促しています。コンクリートの打継ぎは、各階の床スラブのコンクリート面で行います。それ以外の打継ぎでも、基礎と地中梁や柱、柱と柱、床スラブと壁、梁の中央など、比較的加わる力の小さな位置で行います。打継ぎは構造上の弱点となりますので、打継ぎ位置には配慮が必要です。

(2)打継ぎの位置・形状

　打継ぎの位置・形状及び処理方法は、完全な一体化は不可能なため、構造耐力の低下だけでなく、漏水、鉄筋の腐食の原因となり、耐久性の低下につながります。打継ぎ部の位置、構造は、工事監理者の承認を受けるか、特記または設計図書によります。

1)打継ぎの位置

　壁・梁及び床スラブなどの鉛直打継ぎ部は欠陥が生じやすいので、出来るだけ設けない方が良いです。打継ぎ部を設ける場合は、常時荷重時における部材のせん断応力の小さい位置に設けます。それは、

部材の圧縮力を受ける方向と直角にして、打継ぎ面のせん断抵抗力が出来るだけ大きくなるようにする必要があります。

　鉄筋は引張力を負担しますので、鉄筋の継手は引張り力のない位置や、常時圧縮力の作用する位置、または引張り力が小さい位置に設けます。打継ぎの位置は、構造部材の耐力への影響の少ない、次の位置を標準とします。

①梁、床スラブ及び屋根スラブの鉛直打継ぎ部は、せん断力が小さくなるスパンの中央、または端から1/4付近に設けます。

②柱及び壁の水平打継ぎ部は、床スラブ・梁の下端、又は床スラブ・梁・基礎梁の上端に設けます。上端に設けた場合は、打継部で漏水しやすくなるので、防水処理・止水処理が必要となります。打継ぎは上端より少し高くして、防水処理を行うことが望ましいです。

③片持ち床スラブのはねだし部は、その根元部分に大きな応力がかかるために、ひび割れが発生しやすいので、打継ぎを設けずに構造体部分と一体で打ち込みます。

2)打継ぎ部の形状

　打継ぎ面は、軸方向に対して垂直とします。それができない場合は、軸方向に作用する圧縮力により、打継ぎ面でずれを生じることもあるので、構造的な一体化のための措置を講じます。

(3)コンクリート打継ぎの施工上の注意事項

①打継ぎ表面に汚れやごみがある場合、平滑過ぎてコンクリートの滑りが生じやすい場合、水溜りがある場合に問題となります。

②柱、壁、床スラブの打継ぎ面に雨水が溜まっている箇所は、水溜りの部分で水セメント比が高くなります。コンクリート強度

は水セメント比に大きく影響されるので、強度低下が著しくなり、コンクリート打継ぎ箇所の完全一体化は不可能です。

③コンクリートの打継ぎ面やせき板面は汚れもなく湿潤な状態が理想です。硬化に必要な水分が旧コンクリート打継ぎ面に吸収されてしまうと、ドライアウト現象となり一体化が不可能です。

④柱コンクリート部材の場合には、局部の低強度化によって、全体として高強度コンクリートであっても、低強度の局部によって、全体が支配されます。

⑤旧コンクリート打継ぎ面は、グリーンカット（まだ固まらないコンクリートの状態で表面の不純物を取り除く）、レイタンス、脆弱なコンクリート、ごみなどを取り除いて、新たな打込みコンクリートとの一体化に近づけます。レイタンスが生成したコンクリート面は、高圧ジェット水による洗浄、ワイヤーブラシがけによって、脆弱な組織やゆるんだ骨材を除去します。柱、壁の水平打継ぎ部には、セメントペーストやモルタル、湿潤面用エポキシ樹脂などを塗ることにより、密着性を高めて、新コンクリートを打ち継ぎます。

⑥旧コンクリートの打継ぎ面には、十分に散水して湿潤状態を保ち、新規の後打ちコンクリートの水和を妨げないようにします。打継ぎ面に散水した水は、溜まらないように適当な方法（例えば高圧空気類）で除去します。

⑦打継ぎ部の構造一体性の確保、水密性の確保には、「キー（コッター）」や止水板の設置も必要です。実際の工事では、工事監理者の承認が必要です。降雨のように突発的な中断・中止時の打継ぎ位置・処置についても工事監理者の承認を受けます。

4-7 継手と定着

(1)継手

柱や梁の鉄筋は、全長にわたって、一本ものを用いることが望ましいのですが、設計・運搬・工作の都合で、適当な長さのものを継ぎ足して用いる場合が通常です。

鉄筋は、一般に3.5m～7.0mで0.5mごと、7.0m～12.0mで1.0mごとの定尺に切断されて出荷されます。建物における現場配筋では、限定された定尺(長さ)の鉄筋を現場において任意の長さの連続な鉄筋とするための鉄筋接合、あるいは太さの異なる鉄筋相互の接合が継手です。表1に継手の種類と鉄筋径との関係を示します。我が国でよく用いられる継手は、D16(16φ)以下では重ね継手、D19(19φ)以上ではガス圧接継手があります。閉鎖形の帯筋・あばら筋はフレアグルーブアーク溶接、太径又は極太径鉄筋では、必要に応じて特殊継手(ガス圧接継手、溶接継手と機械式継手)が用いられます。

表1 継手の種類と鉄筋径との関係

継手の種類	鉄筋径
重ね継手	D16以下
ガス圧接継手	D19以上、D51以下
特殊継手(機械式継手・溶接継手)	D32以上

継手は、鉄筋コンクリート造において、構造上重要な部分であり、かつどのような継手を用いるかは、施工計画及び工事費に著しい影響を持つものですから、継手の種類や方法は当然、設計図書に指示されるべきものであり、施工はそれに従って行われます。

図1～図2に、建築工事標準仕様書(JASS 5-2009)の鉄筋継手及

び定着方法を示します。これらは、国交省『公共建築工事標準仕様書』(2014年3月改定)や各設計事務所の基準に採用されています。

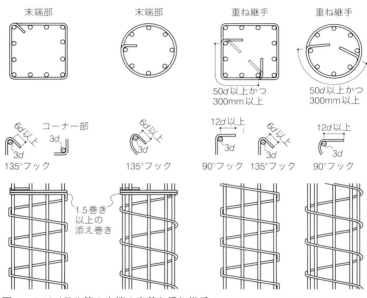

図1　スパイラル筋の末端の定着と重ね継手 (日本建築学会『建築工事標準仕様書・同解説 JASS5 鉄筋コンクリート工事2015』p.338、346)

(2) 継手の位置

次に継手の位置の留意事項を示します。

①鉄筋の継手は、原則として応力の小さいところで、かつ常時はコンクリートに圧縮応力が生じている部分に設けます。

②継手は1ヶ所に集中することなく、相互にずらして設けることを原則とします。継手の位置は、設計図に示すことが原則です。

③継手の位置を明確に図示できない場合もあり、この場合は、設計者と協議の上、その位置を定めます。

④柱筋をガス圧接するために施工機器を使用する場合は、施工に支障のないようにします。

図2の斜線部をニュートラルゾーンと呼び、継手はこの位置に設けます。その他の斜線の入っていない部分をヒンジゾーンと呼び、ここで継手を設けてはなりません。小梁の継手位置と異なります。

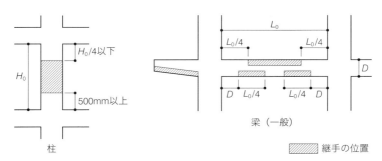

図2　柱主筋と梁主筋の継手の位置 (日本建築学会『建築工事標準仕様書・同解説　JASS5　鉄筋コンクリート工事 2015』p.338〜339)

(3)継手方法の種類

次に継手方法の種類を示します。継手は、鉄筋の種類、直径、応力状態、継手位置などに応じて選定します。

1)重ね継手

図3〜図4、表2に重ね継手の方法を示します。

重ね継手で鉄筋径が異なる場合には、長さは細い方の鉄筋径に所定の倍数を乗じたものとします。重ね継手とは、鉄筋をただ重ねるように並べて、コンクリートを打ち込むという接合方法です。重ね継手では、同一箇所で二本の鉄筋を定着していることになります。

隣り合う重ね継手の中心位置は、重ね継手長さの0.5倍かまたは1.5倍ずらします。重ね継手の長さ分（1倍）ずらすと、継手の端が

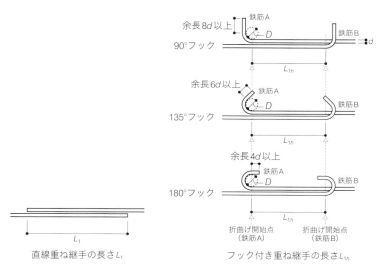

図3　直線重ね継手・フック付き重ね継手長さ（日本建築学会『建築工事標準仕様書・同解説 JASS5 鉄筋コンクリート工事 2015』p.345）

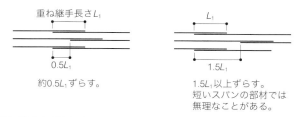

図4　重ね継手のずらし方（日本建築学会『建築工事標準仕様書・同解説 JASS5 鉄筋コンクリート工事 2015』p.346）

1ヶ所に集中し、コンクリートのひび割れの原因となるためです。

2) ガス圧接継手

図5に平成12年建設省告示第1463号に示されるガス圧接継手に関する規定、図6にガス圧接継手のずらし方、表3に不良圧接の補

表2 鉄筋の重ね継手の長さ

コンクリートの設計基準強度 (N/mm²)	直線重ね継手長さ L_1(フック付き重ね継手長さ L_{1h})			
	SD295A SD295B	SD345	SD390	SD490
18	45d (35d)	50d (35d)	—	—
21	40d (30d)	45d (30d)	50d (35d)	—
24〜27	35d (25d)	40d (30d)	45d (35d)	55d (40d)
30〜36	35d (25d)	35d (25d)	40d (30d)	50d (35d)
39〜45	30d (20d)	35d (25d)	40d (30d)	45d (35d)
48〜60	30d (20d)	30d (20d)	35d (25d)	40d (30d)

(日本建築学会『建築工事標準仕様書・同解説 JASS5 鉄筋コンクリート工事 2015』p.346)

正を示します。

　ガス圧接継手は鉄筋種類がSD490,鉄筋径はD19（19φ）以上でD50まで圧接可能です。鉄筋の圧接端面は、軸線に出来るだけ直角になるように、鉄筋冷間直角切断機で切断します。鉄筋を圧接器に

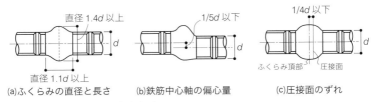

(a)ふくらみの直径と長さ　　(b)鉄筋中心軸の偏心量　　(c)圧接面のずれ

図5　圧接継手に関する主な規定 (日本建築学会『建築工事標準仕様書・同解説 JASS5 鉄筋コンクリート工事』2009、p.336)

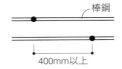

図6　ガス圧接継手のずらし方 (日本建築学会『建築工事標準仕様書・同解説 JASS5 鉄筋コンクリート工事 2015』p.350)

表3　不良圧接の補正

切り取って再圧接	再加熱で修正可能
①鉄筋中心軸の偏心量が 1/5d を超えた場合 ②圧接面のずれが 1/4d を超えた場合 ③ふくらみが著しいつば形の場合	①ふくらみの直径が 1.4d に満たない場合 ②ふくらみの長さが 1.1d に満たない場合 ③圧接部に著しい曲がりを生じた場合

(日本建築学会『建築工事標準仕様書・同解説 JASS5 鉄筋コンクリート工事』2015、p.350)

取り付けた場合、鉄筋突合せ面のすきまが2mm以下、なるべく密着することが肝要です。それ以外の場合は、圧接端面をグラインダーで平坦に仕上げ、その周辺を軽く面取りしなければなりません。付着物は完全に除去します。

3）機械式継手

図7に、機械式継手のずらし方を示します。

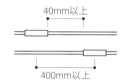

図7　継手のずらし方（日本建築学会『建築工事標準仕様書・同解説 JASS5 鉄筋コンクリート工事 2015』p.352）

　機械式継手には、ねじ継手、スリーブ圧着継手、くさび圧入継手及びモルタル充填接着継手があります。溶接継手には、フレア溶接継手（重ねアーク溶接）以外に、突合せアーク溶接（鋼管裏あて方式、銅裏あて方式及びセラミック裏あて方式）及び突合せ抵抗溶接継手があります。

　機械式継手は、カップラー等の接合部分の耐力、グラウト材の強度、ナットによるトルクの導入及び圧着やそれぞれによる接合部分

の固定方法が規定されています。溶接継手は、裏あて材を用いた溶接とすることと、構造耐力上支障のある欠陥がないこと、及び溶接材料は母材同等以上の力学性状を有すること等が規定されています。鉄筋継手性能判定基準は、次の4級に分けられています。

表4　特殊継手

SA級継手	強度・剛性・靭性がほぼ母材なみの継手
A級継手	強度・剛性が母材なみで、その他は母材よりやや劣る継手
B級継手	強度が母材なみで、その他に関して母材よりやや劣る継手
C級継手	強度・剛性などに関して母材よりやや劣る継手

(別添に1の1「鉄筋継手性能判定基準」、1982年公布、1983年9月に建設省(国土交通省)住宅局から「特殊な鉄筋継手の取り扱い」が通知)

(4)定着

　鉄筋の定着とは、部材の鉄筋を、その部材を支持する部材内に、所定の長さだけ延長して埋め込み、埋込み部分の付着力によって、鉄筋応力を支持部材に伝達することです。コンクリートの応力伝達は鉄筋定着と相まって、部材応力を支持部材に伝達します。鉄筋のこの延長部分が定着です。仕口において、部材相互の一体化を図るため、一方の部材の鉄筋を他方の部材内に延長して埋め込むことを言います。梁や柱の部材が一体に構成され、接合部が剛であるためには、柱のコンクリートの中に十分に延ばし、柱から抜け出さないようにします（図8）。

(5)定着方法の種類

　一般的な定着は、次のようになります。

　柱の中は、上階からの重みを支える力が働いているので、梁主筋を柱内で下方に向けて90°に曲線的に折り曲げて所定の長さで止める方法で行います。最上階の柱の梁主筋の定着は、上階の重みがありませんので、縦方向のみの柱主筋に並行するのが一般的です。

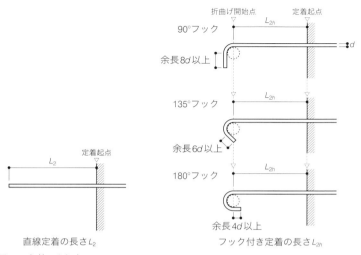

図8　定着のとり方（日本建築学会『建築工事標準仕様書・同解説 JASS5 鉄筋コンクリート工事2015』p.335）

(6)定着長さ

1) JASS 5（2015年版）

　表5・表6に鉄筋の折曲げ形状・寸法と定着の長さを示します。現場では目安としてすべて40dとされる場合もありますが、正式な基準があります。

　表7にJASS5のコンクリート・鉄筋の強度と定着長さの関係を示します。また、表8に「公共建築工事標準仕様書」の定着の長さを示します。出典により表現が異なり整合性がとれていません。

2) 国交省「公共建築工事標準仕様書」（平成26年3月改定）

　鉄筋の強度が大きくなると、大きな力を伝達させるため、5d長くなります。コンクリート強度が弱いと、付着力が小さくなり長さでカバーするものです。

表5 鉄筋の折曲げ形状・寸法

図	折曲げ角度	鉄筋の種類	鉄筋の径による区分	鉄筋の折曲げ内法直径(D)
180° 余長 $4d$ 以上 135° 余長 $6d$ 以上 90° 余長 $8d$ 以上	180° 135° 90°	SR235 SR295 SD295A SD295B SD345	16φ以下 D16以下	$3d$ 以上
			19φ D19〜D41	$4d$ 以上
		SD390	D41以下	$5d$ 以上
	90°	SD490	D25以下	
			D29〜D41	$6d$ 以上

注1) d は、丸鋼では径、異形鉄筋では呼び名に用いた数値とする。
2) スパイラル筋の重ね継手部に90°フックを用いる場合は、余長は $12d$ 以上とする。
3) 片持ちスラブ先端、壁筋の自由端側の先端で90°フックまたは180°フックを用いる場合は、余長は $4d$ 以上とする。
4) スラブ筋、壁筋には、溶接金網を除いて丸鋼を使用しない。
5) 折曲げ内法直径を上表の数値よりも小さくする場合は、事前に鉄筋の曲げ試験を行い支障のないことを確認した上で、工事監理者の承認を得ること。
6) SD490の鉄筋を90°を超える曲げ角度で折曲げ加工する場合は、事前に鉄筋の曲げ試験を行い支障のないことを確認した上で、工事監理者の承認を得ること。

(日本建築学会『建築工事標準仕様書・同解説 JASS5 鉄筋コンクリート工事2015』p.326)

表6 異型鉄筋の定着長さ

コンクリートの設計基準強度 (N/mm²)	L_2 (L_{2h})				L_3 (L_{3h})	
	SD295A SD295B	SD345	SD390	SD490	下端筋 SD295A SD295B SD345 SD390	
					小梁	スラブ
18	$40d$ ($30d$)	$40d$ ($30d$)	—	—	$20d$ 注 ($10d$)	$10d$ 注 かつ 150mm以上
21	$35d$ ($25d$)	$35d$ ($25d$)	$40d$ ($30d$)	—		
24〜27	$30d$ ($20d$)	$35d$ ($25d$)	$40d$ ($30d$)	$45d$ ($35d$)		
30〜36	$30d$ ($20d$)	$30d$ ($20d$)	$35d$ ($25d$)	$40d$ ($30d$)		
39〜45	$25d$ ($15d$)	$30d$ ($20d$)	$35d$ ($25d$)	$40d$ ($30d$)		
48〜60	$25d$ ($15d$)	$25d$ ($15d$)	$30d$ ($20d$)	$35d$ ($25d$)		

L_2:直線定着長さ L_{2h}:フック付き定着長さ
L_3:下端筋の直線定着長さ L_{3h}:下端筋のフック付き定着長さ
注) 片持梁・片持スラブの下端筋を直線定着する場合は、$25d$ 以上とする。

(日本建築学会『建築工事標準仕様書・同解説 JASS5 鉄筋コンクリート工事2015』p.335〜336)

表7 異型鉄筋の仕口内の折曲げ定着の投影定着長さ

コンクリートの設計基準強度 （N/mm²）	SD295A SD295B	SD345	SD390	SD490
18	20d	20d	—	—
21	15d	20d	20d	—
24〜27	15d	20d	20d	25d
30〜36	15d	15d	20d	25d
39〜45	15d	15d	15d	20d
48〜60	15d	15d	15d	20d

梁主筋の柱内折曲げ定着の投影長さ L_a

(日本建築学会『建築工事標準仕様書・同解説 JASS5 鉄筋コンクリート工事 2015』p.337)

表8 鉄筋の定着長さ

鉄筋の種類	コンクリートの設計基準強度 F_c (N/mm²)	フックなし		L_3		フックあり		L_{3h}	
		L_1	L_2	小梁	スラブ	L_{1h}	L_{2h}	小梁	スラブ
SD295A SD295B	18	45d	40d			35d	30d		
	21	40d	35d			30d	25d		
	24、27	35d	30d			25d	20d		
	30、33、36	35d	30d			25d	20d		
SD345	18	50d	40d	20d	10d かつ 150mm 以上	35d	30d	10d	—
	21	45d	35d			30d	25d		
	24、27	40d	35d			30d	25d		
	30、33、36	35d	30d			25d	20d		
SD390	21	50d	40d			35d	30d		
	24、27	45d	40d			35d	30d		
	30、33、36	40d	35d			30d	25d		

注 1) L_1、L_{1h}：2以外の直線定着の長さ及びフックあり定着の長さ
　2) L_2、L_{2h}：割裂破壊の恐れのない箇所への直線定着の長さ及びフックあり定着の長さ
　3) L_3：小梁及びスラブの下端筋の直線定着長さ。ただし、基礎耐圧スラブ及びこれを受ける小梁は除く
　4) L_{3h}：小梁の下端筋のフックあり定着の長さ
　5) フックあり定着の場合は右図に示すようにフック部分 l を含まない。また中間部での折り曲げは行わない。
　6) 軽量コンクリートの場合は、表の値に $5d$ を加えたものとする。

定着起点

L_{1h}, L_{2h} 又は L_{3h}

投影定着長さ L_a

(公共建築協会『公共建築工事標準仕様書（建築工事編）』2014年3月改定、p.29)

4-8 打込み時間と打重ね時間

(1)打込み時間

　現場で使用するコンクリートは、レディーミクストコンクリートが一般的です。JIS A 5308 の運搬は、工場から荷卸し地点まで配達されるレディーミクストコンクリートについて規定しています。また、JASS 5-2009 改訂の「運搬」では、フレッシュコンクリートを製造地点から打込み地点まで運ぶことを定義しており、レディーミクストコンクリート工場から工事現場の荷卸し地点までと、荷卸し地点から打込み地点まで運ぶことが含まれています。表1に、各種基準にある生コンクリートの運搬時間を示します。

表1　コンクリートの運搬時間

区分	JIS A 5308 (2014)	公共建築工事標準仕様書 2010	日本建築学会 JASS 5 (2015)	土木学会コンクリート標準示方書 (2007)
範囲	練混ぜから荷卸しまで	練混ぜから打込み終了まで	練混ぜから打込み終了まで	練混ぜから打込み終了まで
限度	1.5 時間以内	$T > 25℃：90$ 分 $T ≦ 25℃：120$ 分	$T ≧ 25℃：90$ 分 $T < 25℃：120$ 分	$T > 25℃：90$ 分 $T ≦ 25℃：120$ 分

　コンクリートの時間当たりの打込み速度は、生コン工場の供給能力、生コン車・ポンプ車等による運搬能力、そして、コンクリートのワーカビリティー、コンクリート構造体の部位、形状、寸法、配筋状況や作業環境等の施工条件によって大きな影響を受け、コンクリート締固め能力によって決定されます。コンクリートの打込み時間の限度は、法規制、建設工事による公害に関する近隣・周辺対策等で厳しく制約されます。

　連続して打ち込むことのできるコンクリート量は、打ち込む速度

による締固め能力に主眼を置いた打込み速度と、その現場で許容される打込み時間によって決まります。コンクリートの打込み区画は、コンクリート量をもとに決定されるため、打込み時間の限度は時間当たりの打込み量とともに、工事全体の施工計画の基本を構成する重要な要素となります。このことから、次のようなコンクリートの打込み時間に対する制約条件を確認したうえで、施工計画を作成しなければなりません。

①工事車両の通行規制
②騒音規制法の規制
③通勤・通学時間帯における工事車両運行に関する指導、規制
④工事に関わる近隣住民との協定等による作業時間規制
⑤設計図書における指示など

(2) 打重ね時間

打重ねの発生は、連続してコンクリートを打ち込む場合に、打込みを長時間中断したり、打込み順序が適当でないことなどにより、先に打ち込んだコンクリートの凝結が始まることで生じます。また、打重ねは練り混ぜから打込み終了までの時間や打重ね時間間隔と許容打重ね時間を超えた場合、コンクリート温度、打重ね部の締固め方法及びコンクリートの材料・調合（セメント・混和剤の種類、水セメント比、スランプなど）の管理が不十分な場合に、後に打ち込まれたコンクリートと一体化しない不連続な面が形成されます。

先に打ち込んだコンクリートと、後から打ち込んだコンクリートとの境界面の締固め作業が不十分な場合に、完全に一体化しないことにより発生する現象を**コールドジョイント**と言います。その場合は、構造物の耐久性や水密性を低下させる原因となります。特に、

壁構造の場合は、壁を貫通している場合が多く、漏水する可能性も高まります。

次に打重ね（コールドジョイント対策）の発生条件を示します。
① 下層のコンクリートが凝結を始めている。
② 下層のコンクリートの表面にレイタンスが発生している。
③ 打重ね上層のコンクリートと下層のコンクリートの締固めが不完全である。

図1は、打重ねによるコールドジョイントの発生条件の概念です。これより、コンクリートは一定の時間、凝結が緩やかで、この一定の時間までにコンクリートを打ち重ねるのであれば、上層と下層が一体となりやすく、打重ねによるコールドジョイントが生じません。この一定の時間を「許容打重ね時間間隔」（図2中の表）と呼びます。

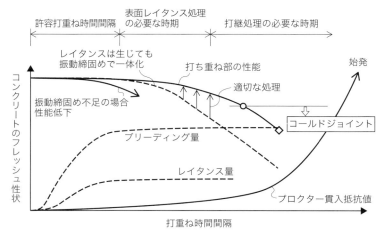

図1　コールドジョイント発生条件の概念 (牛島栄「打重ねと仕上げ」『コンクリート工学』Vol.44、No.9、2006、p.113)

図2に、コンクリートの練混ぜ直後からのスランプの経時変化と時間の関係を示します。時間制限により、遠くの生コン工場には発注できないことになります。

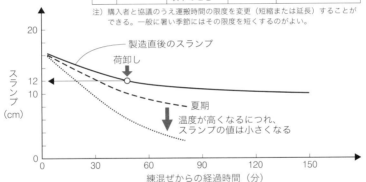

図2　練混ぜ後のスランプの経時変化と時間の関係 (牛島栄「打重ねと仕上げ」『コンクリート工学』Vol.44、No.9、2006、p.114)

(3) コールドジョイント防止対策

①コールドジョイントは先に打ち込んだコンクリートの凝結の始発開始時間以前であれば、コンクリートの前後の層が一体化するよう再振動を行うことにより防ぐことができます。許容打重ね時間については、JASS 5では外気温が25℃未満の場合は150分、25℃以上の場合は120分が目安とされています。先に打ち

込んだコンクリートの再振動可能時間以内にすることも有効な防止対策のひとつです。

②打重ね発生を防止するためには、打込み作業中における打重ね時間間隔内に、コンクリートを打ち継ぐ必要があります。通常のAE減水剤を用いたコンクリートは、輸送時間を60分とします。

③コンクリートの凝結は、AE減水剤遅延形やその増量使用、コンクリート温度を低下させることによって、遅らせることができます。このような対策を事前に検討して、コンクリートの所要の品質が得られることが確認された場合には、打継ぎ時間間隔を延長することができます。

④打重ね部は、後の上層部と先の下層部のコンクリートの一体性を確保するため、コンクリート棒形振動機を先の下層のコンクリート中に10cm程度挿入します。

⑤計画供用期間の級が長期及び超長期の場合は、打重ね時間間隔の限度を短縮させるように定めます。

⑥流動化コンクリートを使用する場合は、スランプ低下が通常の軟練コンクリートより早いのですが、打重ね時間間隔の限度は、上述の1/3程度を目安とするのが良いです。

4-9 コンクリートの打継ぎと打重ね

(1)打継ぎの概要

　打継ぎと打重ねは、新旧コンクリートの時間間隔が大きく異なります。コンクリート工事において、ジャンカ、コールドジョイント及びひび割れなど施工段階における初期欠陥は、それぞれに適切な措置を講じれば、構造物の機能性の低下や劣化に結び付くものではありません。しかし、場合によっては補修に時間と費用を要したり、手戻りで工期が遅延したり、コンクリート工事そのものに対する信頼性を低下させる最大の要因となることがあります。施工上の不具合が頻発している背景には、施工条件やコンクリートの品質の変化を定量的に把握し、運搬・打込み計画を作成して、その計画書通りに施工がなされていないことが考えられます。

　打継ぎは、完全な一体化は難しく、コンクリート表面の粗面や鉄筋による打継ぎなどで一体化を促します。

　打継ぎでは、コンクリート表面に発生した強度の低い弱層(レイタンス)を取り除く必要があり、これを怠るとせん断伝達能力や引張強度が低下し、構造物の弱点となります。また、打継ぎ面は一体化していないと水密性を損い、その箇所から漏水する可能性が高いです。

　打継ぎは打重ねの不具合(コールドジョイント)と同様に通常のコンクリート表面からの中性化とは別に、中性化の進行が構造物の内部まで生じ、十分なかぶりを確保していたとしても中性化を防止することができません。また、打継ぎは構造物中の鋼材腐食を早期に起こし、構造物の耐久性を低下させ、有害物のコンクリート内部への浸透を容易にし、コンクリートの劣化を促進させる原因となります。

(2)打継ぎ部の位置

　打継ぎ部は、構造部材のせん断応力の小さい（曲げモーメントの大きい）位置に設け、打継ぎ面を部材の圧縮力を受ける方向と直角にします。打継ぎ面はコンクリート部材と直角方向に働く、常時荷重時におけるせん断力の小さい部分を選びます。

　①梁、床スラブ及び屋根スラブの鉛直打継ぎ部は、欠陥が生じやすいので、できるだけ設けない方が良いです。やむを得ず打継ぎを設ける場合には、部材のせん断力の小さい位置に設けます。その場合にはスパンの中央または端から 1/4 付近に設けます。

　②柱及び壁の水平打継ぎ部は、床スラブ・梁の下端、又は床スラブ・梁・基礎梁の上端に設けます。

　③片持ち床スラブのはねだし部は、その根元部分に大きな応力がかかってひび割れが発生しやすいので、これを支持する構造体部分と同時に打ち込み、打継ぎを設けないようにします。

(3)コンクリートの打継ぎの留意事項

1)設計上の留意事項

　柱下層部でコンクリートの強度が低いときには、上部の柱部分に高強度コンクリートを使用すると、局部が力に耐えられない場合が生じます。低強度の柱直下では、コンクリート部材が膨らもうとする動きを鉄筋によって補強しておく必要も出てきます。

　柱コンクリート部材の場合には、局部の低強度化によって、全体として高強度コンクリートであっても低強度の局部によって全体が支配されます。

2)施工上の留意事項

　コンクリートの打継ぎ面は汚れやごみがある場合、平滑すぎて滑

りやすい場合、水溜りなどがある場合などが問題となります。

　柱、床スラブ及び壁の打継ぎ面に雨水が溜まっている箇所は、水セメント比が高くなり、コンクリート強度が低下しますので、水を取り除きます。コンクリートの打継ぎは、構造、耐久性の面から欠陥とならないように、所定の打継ぎ位置でコンクリートが一体となるように適当な打継ぎ方法で施工します（「4-6」参照）。

(4) 打継ぎ面の処理方法と引張強度の関係

　打継ぎ面はレイタンスを取り除き、一体化することが大切で、その処理方法で打継ぎ面の強度が変化します。表1に打継ぎ面の処理方法と引張強度の関係を示します。

表1　打継ぎ面の処理方法と引張強度

部位	処理方法	引張強度の百分率(%)
水平打継ぎ面	●レイタンスを取り除かない場合	45
	●打継ぎ面を約1mm削った場合	77
	●打継ぎ面を約1mm削り、セメントペーストを塗った場合	93
	●打継ぎ面を約1mm削り、セメントモルタルを塗った場合	96
	●打継ぎ面を約1mm削り、セメントモルタルを塗って打継ぎ、約3時間後に再振動した場合	100
垂直打継ぎ面	●打継ぎ面を水で洗った場合	60
	●打継ぎ面へモルタルまたはペーストを塗った場合	80
	●打継ぎ面を約1mm削り、セメントペーストまたはモルタルを塗った場合	85
	●打継ぎ面を凹凸に削り、セメントペーストを塗った場合	90
	●打継ぎ面へモルタルまたはペーストを塗って打ち継ぎ、コンクリートが流動化する最も遅い時期に再振動した場合	100

注) 引張強度は打継ぎのない場合を100%とした場合。

（岡田清・六車熈編『コンクリート工学ハンドブック』朝倉書店、1981、p.1012）

(5) コンクリート打継ぎの不具合防止

①硬化したコンクリートに接して、フレッシュコンクリートを打ち込む場合には、打継ぎ部のレイタンス及び脆弱なコンクリー

トを除去して健全なコンクリート面を露出させ、打継ぎ部の新コンクリートに一体化させます。後打ちコンクリートの水和を妨げないためには、打継ぎ部のコンクリート面に散水して、十分な湿潤状態を保つ必要があります。
② 新しいコンクリートの打込み時には打継ぎ面に水膜が残っていると、打継ぎ面の一体化が損なわれるので、適当な方法によって表面に溜まった水を取り除かなければなりません。
③ 作業上の都合からはコンクリート表面に遅延剤を散布して、凝結を遅らせて時間調整します。
④ 硬化後における処理方法としては、旧コンクリートが硬化しないうちに高圧ジェット水で「グリーンカット」する方法が有効です。このグリーンカットは、硬化前に行う場合と、硬化後に行う場合があります。硬化前に行う方法は、打継ぎ面が広い場合に効果的な方法ですが、あまり早い時期に行うと骨材を緩め、余分にコンクリートを取り除く恐れがあります。通常は、コンクリートの凝結終了を待って行い、高圧ジェット水で表面の脆弱層を取り除くことで、粗骨材粒を露出させます。一般には、水を掛けながらコンクリート表面をワイヤーブラシがけして健全なコンクリートを露出させます。旧コンクリートが硬いときは、表面にサンドブラストを行った後、水で洗う方法が最も確実です。

(6) 打重ねの概要

　打継ぎと打重ねは、新旧コンクリートの時間間隔が大きく異なる行為です。打重ねは、コンクリートの凝結が進んでいる状態で、先に打ち込まれたコンクリートに新たなコンクリートを打ち込む行為

です。図1は国土交通省が打込み不良に関する施工上の問題点についてまとめたもので、コンクリートの大量打込みによる横流しや締固め不足の多いことが指摘されています。これらは打重ねを発生させる原因と言えます。

また、先に打ち込まれているコンクリートに、ある程度の時間をおいてコンクリートを打ち継ぐと、両者のコンクリートが一体化しない場合があります。このことは、先に打ち込まれたコンクリートの凝結や締固めの程度に影響されます。コンクリート構造物の性能に影響を与える打重ねについて、『コンクリート標準示方書』では、「すでに打ち込まれた下層のコンクリートの凝結が進み、その上に新たにコンクリートを打ち重ねる場合に生じる一体とならない打継ぎ状態」と定義しています。

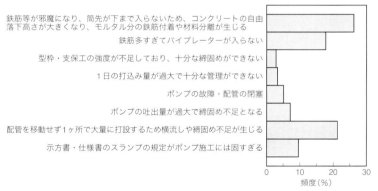

図1　打込み不良の原因 (渡辺博志「国土交通省におけるコンクリート施工品質管理確保への取組み」『コンクリート工学』Vol.44、No.9、2006、p.31)

一般の建築工事では、柱・壁コンクリートと梁・床のコンクリートを一体に打ち込むために、柱・壁のコンクリートの沈降が終了し

てから、梁・床のコンクリートを打ち込まなければなりません。しかし、柱・壁コンクリートの沈降は、打ち込んでからそれが終了するまでに 60 分以上になることがあるので、梁下部分で打重ねが発生しやすくなります。特に階高の高い建物や壁式構造の建物では、コンクリートを打ち継ぐまでに時間がかかるので、打重ねが生じます。この打重ねの現象が**コールドジョイント**です。打重ねが多くなるのは、打継ぎと同様に施工の効率化を目指し、急速かつ大量のコンクリートを一度に施工するため、打込み時のトラブルの発生確率が高くなっていることや熟練作業者の減少と技術者の経験不足による施工管理能力の低下が追い打ちをかけているものと考えます。

図 2 〜図 4 に、壁・柱の打重ね現象を示します。斜めのコールドジョイントとしてよく見ることができます。暑中環境においては、コンクリート温度が高いために凝結が速くなり、ブリーディングも早く終了するため、コールドジョイントが多くなります。

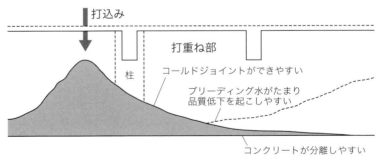

図 2　片押しによる打重ね（日本建築総合試験所『コンクリート工事の実務』2010 年版、p.142）

梁・スラブ・柱など、コンクリートの断面寸法が異なり、段差が発生するところでは、コンクリートの一体化だけではなく、コンク

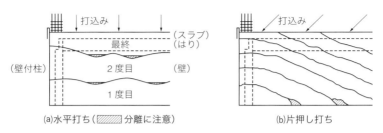

図 3 壁の打重ね状況 (池田正志『コンクリート打込みから脱型までの実施要領―建築―』『コンクリート工学』Vol.20、No.3、1982、p.44)

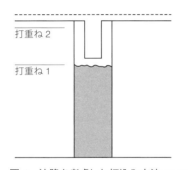

- 打重ね 1
  梁下端より 20 ～ 30cm 下まで打ち込み、沈降するのを待って 1 ～ 1.5 時間後に、梁・スラブを打ち重ねる

- 打重ね 2
  梁せいが高い場合は、スラブ下端から 10cm 程度まで打ち込み、スラブを打ち重ねる

図 4 沈降を考慮した打込み方法 (日本建築総合試験所『コンクリート工事の実務』2010 年版、p.142)

表2 打重ねによる施工不具合

構造物の性能	悪影響
耐荷性能	欠落、せん断抵抗の低下
空間性能	漏水、遮断
耐久性能	透水、通気性による鋼材の腐食
美観	外観、良好な塗装への障害、タイルへのひび割れ、剥落

(牛島栄「打重ねと仕上げ」『コンクリート工学』Vol.44、No.9、2006、p.113)

リート打込み後、少し時間をおいて、落ち着くのを待ってから、次の打ち込みをするなどの配慮も必要です。コンクリートの高さが異なると、下がりに差があるために、ひび割れにつながります。

表2に、打重ねによる施工の不具合が、コンクリート構造物の性能に及ぼす影響を示します。

(7) コンクリート打重ねの留意事項

①コンクリートの分離防止のために、コンクリートの打込み高さが高い場合には、縦型シュートやせき板の途中にコンクリートの投入口を設けるか、あるいはコンクリートの状態、施工条件に応じて自由落下の高さを出来るだけ低くすることが必要です（図5）。

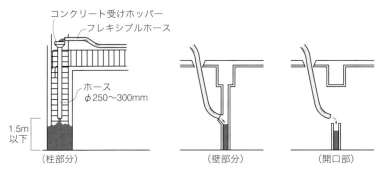

図5　階高が高い場合の処置 (日本建築総合試験所『コンクリート工事の実務』2010年版、p.142)

②コンクリートは、せき板内で分離が生じやすくなる横流しを出来るだけ避け、図6のように目的の位置に近づけて垂直部材へ打ち込むようにします。コンクリート表面が水平になるように打ち込むと横流しの必要がありません。

③打重ねの発生を防止するためには、打込み作業中における打重

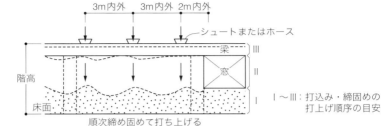

図6　垂直部材の打込み方法 (日本建築学会『建築工事標準仕様書・同解説 JASS5 鉄筋コンクリート工事 2015』p.274)

ね時間間隔以内に打ち継ぐ必要があります（「4-8」参照）。

④コンクリートの打込み速度は、締固め作業や仕上げ作業が十分に行われることを考慮して定めなければなりません。

⑤一般に、外気温が20℃程度の気象条件において、スランプ18cmのコンクリートを十分に締め固めることができる打込み速度は、内部振動機1台で1日40〜50m³、打込み作業員1人当たり10〜15m³/h、ポンプの実圧送量で30〜60m³/h程度とされています。また、コンクリート床直仕上げ作業の場合には、作業員1人当たり1日100〜150m²程度です。

⑥打重ねを防止するには生コン工場の製造から、現場に到着するまでの運搬時間に打込み時間を加え、次のコンクリートが上層に打ち込まれるまでの時間を管理することが重要です。

⑦打重ねにおける上層部と下層部の一体性を確保するため、振動締固めに際して、下層のコンクリート中に棒形振動機を10cm程度垂直に挿入します。

4-10 タンピングの重要性

(1)コンクリートを締め固める

　タンピングとはコンクリート打込み後に、コンクリート表面を木製角材や細かい網目状の金網で叩いて、水や空気を強制的に出す作業を言います（写真1）。コンクリートは「生コンをせき板の中に流し込みさえすれば、期待どおりの品質に固まる」わけではありません。コンクリートの劣化は表面から始まり、コンクリートの重要な性質である耐久性を高めるためには、コンクリートを密実に締め固める必要があります。

　コンクリート上面はせき板がないため、仕上げの方法で品質が左右されます。コンクリートは凝結が少し始まった段階で、再度練り混ぜると、再び軟らかさを取り戻し、むしろ強度が増大する性質を持っています。その時点で速やかに仕上げると、コンクリートは緻密な組織になり、劣化因子の浸入を抑制する性能が向上することになります。沈下ひび割れが生じたときは、コンクリート上面をタンピングして消し去ることと、仕上げ面のコンクリートを平坦にし、

写真1　タンパーによる締固め仕上げ、定規摺りによる天端均し

緻密にして強化することを目的としています。

(2)コンクリート打込み直後の表面

図1は、打込み直後からのブリーディングの経時変化を示しています。ブリーディングは水和反応に伴い、次第に減少します。表面に溜まった水量は、表面からの蒸発逸散水の速度がこれを上回った時点から、減少し始めます。

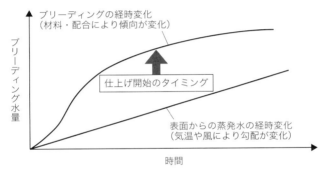

図1　ブリーディングの経時変化と表面からの水分逸散 (十河茂幸「仕上げのタイミングで耐久性が向上　コンクリートのはなし⑦」『JCMマンスリレポート』Vol.15, No.1、2007)

仕上げのタイミングは、コンクリート表面に溜まった水の逸散の方が多くなった時期に水を拭き取って、こて押さえをすれば、表面を水で荒らすことは無くなります。コンクリートは凝結過程で、ブリーディング水の上昇に伴い沈下が生じて、鉄筋や骨材及び障害物などの拘束を受けると、図2・図3に示すようなコンクリート表面の鉄筋位置に、沈下ひび割れが生じます。

この沈下ひび割れは、写真1や図3のようにタンピングまたはこて押さえをすれば消すことができます。しかし、沈下ひび割れは、再振動で修復することはできても、鉄筋やセパレーターなどの固定

された鋼材の下に空隙（図2）を残すことになります。

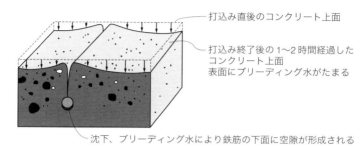

図2　沈下ひび割れの概念（十河茂幸「仕上げのタイミングで耐久性が向上　コンクリートのはなし⑦」『JCMマンスリレポート』Vol.15、No.1、2007）

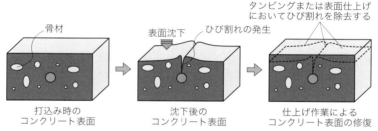

図3　沈下ひび割れの発生と仕上げ作業の概念（牛島栄「打重ねと仕上げ」『コンクリート工学』Vol.44、No.9、2006、p.115）

(3)コンクリート上面の締固め

　コンクリート施工に重要な締固めが不十分な場合には、次のような問題が生じます。

　①押さえのタイミングを間違えると、かえって脆弱になります。

　②押さえの時機が遅れると「こわばり」が強くなり、平坦にできにくくなり、再振動による強度増加が期待できなくなります。

　③骨材の浮き上がり現象が発生します。

④コンクリート打込み後、ブリーディング現象により、コンクリート内部には目に見えない細かい「水の通り道」「空気溜まり」ができ、硬化すると、ひび割れが生じる原因の一つになり、弱い部分を残すため、水分の蒸発と共にひび割れが発生します。
⑤硬化に不要な水・空気が溜まります。
⑥ブリーディングによるコンクリートの沈下ひび割れが発生します。
⑦コンクリート表面に亀甲状のひび割れが発生します。
⑧コンクリート側面に砂すじ・巣などが発生します。
⑨床面には乾燥収縮ひび割れが発生します。
⑩コンクリート未充填による鉄筋の付着力や水密性の低下が発生します。

(4) タンピング、再振動締固め

コンクリート表面部の不具合防止対策を次に示します。
①金鏝押さえして、骨材を均一に沈めて、表層部のセメント成分濃度も均一に仕上げをします。
②トンボ(均し棒)やこて押さえにより、コンクリート表面を押さえるだけでなく、浮き出てきたコンクリート骨材を押さえ沈めます。コンクリート面をしっかり押さえつけるように均すことで、表面の密度を高めます。
③コンクリート表面を叩きながら不陸修正を行い、空気を抜きます。
④材料分離によって、水や空気の集まりやすい上部のコンクリートを密実にするためには、コンクリート面を叩く(タンピング)あるいは加圧作業を行う必要があります。

⑤コンクリート表面を振動させ叩くことで、大きめの砂利や石が沈むので、表面仕上げが容易となり、不純物をコンクリート内に埋没させ、セメント分を浮かせコンクリートの表面強度を高めます。

⑥タンピング作業を行うことで、コンクリートスラブに加圧し、不要な空気や水を強制的に追い出し、コンクリートを密実にします。

⑦コンクリート（スラブ）を打ち込んだ後に、コンクリート表面をタンパー、あるいは板状の器具（細かい網目状の金網のようなもの）を使用して、繰り返し叩いて締め固めます。

⑧1回目の金鏝押さえはコンクリート表面に残った空気と、分離した水を押し出すために行い、2回目は、強度不足の原因にもなるコンクリート表面の凹凸を解消するために金鏝仕上げを行います。ひび割れの生じにくい丈夫なコンクリートを造るためには、適当な締固め方法でコンクリート工事を行う必要があります。

⑨ブリーディング現象によって、コンクリート内にできた水の道を壊し、より密実なコンクリートを造るために、コンクリートの再振動締固め作業を行います。

⑩コンクリートの打込み後、材料分離によって骨材や鉄筋の下側に溜まった水を追いだすためには、再振動締固め作業を行います。

⑪振動機でコンクリート内部の硬化に不要な水と空気を追いだしてから表面仕上げします。

⑫床面の締固めに電動ダンパーを使用し、表面の密度が大きく強

固なひび割れの生じにくいコンクリートを造ります。
⑬最近は機械化（例：フロアフィニッシャー）の導入により、タンピングをしないで、直接に表面仕上げをすることが一般的になっています。しかし、表面は仕上がっているように見えても、内部は水の通り道や空気が溜まっていて、ひび割れ発生の原因になっています。
⑭コンクリート側面は、気泡ができるのを防止するために、打込み作業に合わせて、せき板面の叩き作業を行う必要があります。
⑮鉄筋コンクリートの劣化は表面から始まり、せき板はコンクリートの質と締固め方法で耐久性が決まります。コンクリート上表面は、金鏝を用いて叩きながら、不陸修正を行い、空気を抜きます。

4-11 バイブレーターによる締固め

(1) コンクリートを密実に

　コンクリートの打込み・締固めの基本は、コンクリートをできるだけ分離させずに、十分に締め固めることです。しかし、その目的を達していないことで、問題を起こしています。

　最近は、コンクリートポンプ工法や、コンクリートの品質向上によって省力化が進み、締固めのみが残された手作業となっています。コンクリート工事は計画的な打込み区画、打継ぎ箇所と方法、打込み順序があり、密実に打ち込み、コンクリートの品質を確保するために、最終的には締固めが重要です。締固めの治具としてはコンクリート内部に挿入するコンクリート棒形振動機（バイブレーター）が、打込みの際のコンクリート横流し、あるいは分配をする手助けに使用されて、本来の使われ方が損なわれてきました。これはポンプによる集中打込みと、軟練コンクリートの締固めにバイブレーターや突き棒を使用しなくなったためです。このことは現場サイドの省力化の工夫というより、コンクリートの打込み・締固めを根本的に見直すべき問題です。バイブレーターとは、打ち込んだコンクリートに高い周波数の振動を与えて、内部の空気を排除し、密度の高いコンクリートにする締固め機械を言います。

　バイブレーターは、次の4種類に大別されます。

① **コンクリート棒形振動機**（JIS A 8610）：別名「内部振動機」とも言い、コンクリートの中に振動機を挿入し、コンクリートに直接振動を与え、締固めを行う機械

② **コンクリート型枠振動機**（JIS A 8611）：別名「型枠振動機」（ア

イロン・キツツキ）とも言います。せき板の外側（端太材、せき板）に振動機を取り付けて接触させて、せき板に振動を与え締固めを行う機械です。
③**表面振動方式**：コンクリート表面に振動機を当てて、コンクリートの締固め及び表面の仕上げを行うもので、コンクリート舗装などで用いられます。
④**テーブル振動機方式**：せき板をテーブル状の振動台の上にのせ、せき板全体の振動でコンクリートの締固めを行います。

表1は、各種締固め方法の効果と適用範囲です。振動機は締め固めるものであり、横流しをするものではありません。

表1　各締固め方法による効果

方法	主たる効果	適用範囲
棒形振動機	振動によってコンクリートを液性化させることによって脱泡、締固め、せき板とのなじみをよくすることのすべての面に効果がある。	スランプにかかわらず、すべてのコンクリートの締固めに有効である。
型枠振動機	振動をせき板に伝達させることによって、内部コンクリートを加振する。しかしその影響範囲は、表面部に限られるため、内部のコンクリートまで締め固めることはできない。	主として表面から見えるジャンカや豆板の減少に役立つ。棒形振動機が使用できない壁の締固めには有効である。
つき	コンクリートを液性化させることができないので、締固めよりはせき板近傍の「つき」でスペーシング効果（気泡穴の除去、あばたの減少）のほうが主になる。	スランプが大きいコンクリートにしか適用できない。棒形振動機を挿入できない箇所に使うことがある。
たたき	型枠とコンクリートとのなじみをよくする効果が主である。せき板の水途（みずみち）を除去するには有効である。打音によってコンクリートの充填状況を判断することができる。	打放し仕上げには有効である。

(日本建築総合試験所『コンクリート工事の実務』2010年版、p.146)

(2) コンクリート棒形振動機による締固めの効果とその方法

コンクリート構造体にコンクリート棒形振動機で締め固める目的は、次のようになります。

① コンクリート構造体組織を緻密にする

　(1) 鉄筋及び埋設物の周囲やせき板の隅々までコンクリートを均一に密実に充填します。

　(2) 打ち込まれたコンクリートに適度な振動を与えると、液状化によりコンクリート密度を高め、不要な空気を除去し、骨材が均等に分布します。

② 表面上の美観を高める

　(1) 余分な空気（エントラップトエア、練り混ぜ時に巻き込まれた空気）を排除します。

　(2) コンクリート表面からジャンカ（豆板）、気泡を排除します。

③ 構造耐力や耐久性を高める

　先に打ち込まれたコンクリートと、後から打重ねされたコンクリートを一体化させます。

④ 品質の高いコンクリートにする

⑤ 打込み作業を効率化する

　(1) 従来の突き棒と比較し、時間当たりの締固め能力が大きいです。

　(2) 作業員の疲労が少ないため、均質な締固めが可能です。

　(3) 打込み時間が短縮できるため、工期を短くすることができます。

(3) 締固めの留意事項

締固めの留意事項は、次の通りです。

①コンクリートを横流し（横移動させる）の手段として用いてはなりません。その理由は、コンクリートが分離し、空隙が生じるからです。構造体の均質性が損なわれます。図1・図2のように、棒形振動機で横流しする現場がありますが、品質に悪影響を及ぼします。

②1層の打込み高さは、棒形振動機の長さ程度とします。（棒径45mmの場合、60cm〜80cm程度の高さ）

③棒形振動機の挿入角度は、打込み面に対して垂直です（図3）。

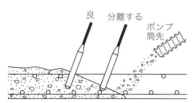

図1　バイブレーターの使い方（日本建築総合試験所『コンクリート工事の実務』2010年版、p.146)

写真1　バイブレーターによる締固め

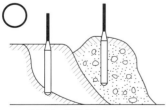

図2　コンクリートの横流し禁止（三笠産業株式会社「その他／バイブレーター全般」『技術情報』p.4）

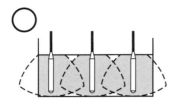
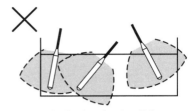

◎バイブレーターによる振動有効範囲にすべてのコンクリートが入るような間隔で行う。

×振動の行き渡らない部分は締固め不足となり、逆に振動がかかり過ぎとなる部分ができる。

図3 バイブレーターは垂直に挿入 (三笠産業株式会社「その他／バイブレーター全般」『技術情報』p.3 〜 4)

④棒形振動機の挿入は、図4のように、先に打ち込んだコンクリート層に10cm程度入る深さとし、一体化させます。図5のように、傾けずに垂直に入れることにより、充分な締固めが可能となります。

⑤棒形振動機の挿入間隔は、振動効果が重複する範囲とし、普通コンクリートの場合50cm(※60cm)以下(棒径45mmの時60cm

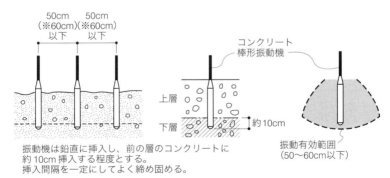

振動機は鉛直に挿入し、前の層のコンクリートに約10cm挿入する程度とする。
挿入間隔を一定にしてよく締め固める。

図4 バイブレーターの挿入間隔・方法 (日本建築総合試験所『コンクリート工事の実務』2010年版、p.146／三笠産業株式会社「その他／バイブレーター全般」『技術情報』p.3 〜 4／※日本建築学会『建築工事標準仕様書・同解説 JASS5 鉄筋コンクリート工事2015』p.25)

振動機の挿入深さが不足すると、下層部に締固めが不十分な個所が生じ、上層と下層が一体とならない危険性がある。

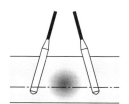
振動機を斜めに挿入すると、下層のコンクリートまで達していても締固めが不十分な個所が生じるおそれがある。垂直に挿入するのが基本。

図5　バイブレーターの悪い使い方（十河茂幸「基礎講座　コンクリート施工のポイント②」『DOBOKU技士会東京』第52号、東京土木施工管理技士会、2012、p.17）

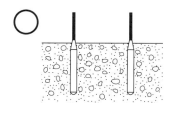
◎コンクリート全体が均質になり強度も一様になる。

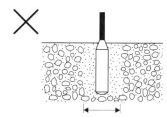
×バイブレーター周辺の状況。振動を1ヶ所でかけ過ぎると分離しやすくなる。型枠の近くでは脱型後、外観上一様にならない。

図6　適度な振動（三笠産業株式会社「その他／バイブレーター全般」『技術情報』p.5）

以下）、軽量コンクリートの場合25cm以下、かつ棒径の約7倍以下とします（図4）。棒径が小さい棒形振動機を用いる場合は、振動有効範囲が狭くなるため、挿入間隔を小さ目にします（図6）。

⑥棒形振動機の振動時間は、打ち込まれたコンクリート上面が水平となり、振動機の周辺のコンクリート表面にセメントペース

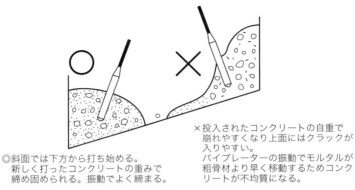

図7 傾斜部にコンクリートを打つ場合 （三笠産業株式会社「その他／バイブレーター全般」『技術情報』p.3）

トがにじみ出るか、浮き上がる程度の時間をいう。それは、コンクリートの種類やスランプ及び部位の大きさによって状況が異なるため、状態を観察しながら判断することが望ましい。目安の挿入振動時間は、1ヶ所当たり5〜15秒程度とする。

⑦棒形振動機の先端は鉄筋、埋込み配管及びせき板に当たると振動し、周囲に脆弱なモルタル・コンクリート層ができて、付着力を低下させる恐れが生じます。

⑧傾斜部のコンクリートでは、表面に気泡の小さいコンクリートを打ち込むために、上方に移動してきた気泡の多くを大気に開放させ、付着する気泡の数を少なくさせる必要があります（図7）。

4-12 施工の不具合

(1) 品質管理の徹底

　コンクリートの表面は、耐久性を確保するために、所定の仕上がり状態が必要ですが、施工過程のわずかな不注意で、不具合が生じることがあります。発生要因については事前に検討して、一貫した施工計画のもとで、品質管理を徹底して、不具合が発生しないように努めなければなりません。

　耐久性に起因する施工不良は、コンクリート構造物の施工時に発生するのが実情であり、建築物の寿命の観点からみても、多大な影響を及ぼしています。施工不良の原因は、①コンクリート材料の選択、②コンクリートの調合計画、③コンクリートの品質が低下する場合などが挙げられます。施工時の原因として、打込み・締固め不足、材料分離、コンクリートの打込み・運搬時間が長い、打重ね時間間隔、せき板の精度が悪い、打込み高さが高い、傾斜を有するせき板、配筋が輻輳していること、急激な乾燥などが考えられます。

(2) 施工の不具合について

　図1はコンクリートの打込みに関する不具合発生の要因です。

　ここで取り上げた施工の不具合の種類は、ジャンカ（豆板、す）、空洞、コールドジョイント、砂すじ（砂縞）、表面気泡（あばた）、表面硬化不良、ポップアウト、ひび割れ（沈下ひび割れ、急激な乾燥によるひびわれ）の8現象です。

1) ジャンカ (豆板、す)

　ジャンカは、打ち込まれたコンクリートの一部にセメントペースト・モルタルのまわりが悪く、粗骨材粒が取り残された形で多く集

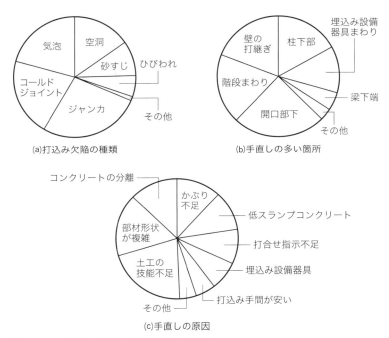

(a) 打込み欠陥の種類

(b) 手直しの多い箇所

(c) 手直しの原因

図1　コンクリート打込み欠陥発生の要因 (毛見虎雄「建築施工の展開」『セメント・コンクリート』1988、p.90)

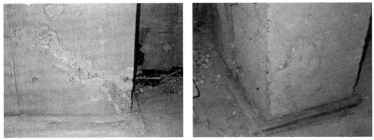

写真1　不十分な締固め（柱脚部のジャンカ）

まってできた空隙の多い不良部分を言います。その場合はセメントペースト分が漏れ、細骨材が露出している部分も含みます。発生原因はフレッシュコンクリートの施工中に、コンクリートの材料分離、締固め不足、せき板からのペースト漏れなどによって、柱・壁脚部に発生しやすいです。さらには、コンクリートを打ち込みにくい箇所（開口部や埋込み金物、配管などの下端やボックス廻り）などに生じます。ジャンカは中性化を速め、水密性を低下させ、粗度を上昇させます。補修は、ジャンカの程度が軽微な時にはポリマーセメントモルタルを塗布し、重大なときには不要な部分をはつり取り、健全部分を露出して、コンクリートで打ち換えます。

2) 空洞

空洞はコンクリートの打込みが悪く、コンクリートが充填されずに残った空間を言います。また、原因はフレッシュコンクリートの施工中の締固めや、コンクリートの廻込みが不十分な鉄骨や鉄筋の輻輳している箇所、ならびにコンクリートの廻込みが悪い形状の部位に発生します。空洞は、中性化を速め、水密性を低下させ、耐久性を低下させます。特に基礎内部の空洞では基礎の耐力が低下しま

写真2　開口部下端の充填不足

す。補修はポリマーセメントペーストの塗布、無収縮モルタルの充填を行います。

3) コールドジョイント

　コールドジョイントは、設計段階で考慮する打継ぎ部とは異なり、先に打ち込まれたコンクリートの上に、後から打ち重ねて打ち込まれたコンクリートが一体化しない状態となって、打ち重ねた部分に不連続な面（線状部分：継目）が生じることを言います。この現象は生コンの打込み途中で、コンクリートの打重ね時間の間隔が長すぎた場合に生じます。発生原因はポンプ圧送時のトラブル、不適切な打継ぎ方法、打重ね時間の間隔が長すぎたことで、中性化の促進・水密性の低下などにつながります。補修方法は「4-6　コンクリートの打継ぎ位置」「4-8　打込み時間と打重ね時間」を参照してください。

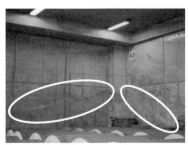

写真3　コールドジョイント（打重ね時間限度超え）

4) 砂すじ（砂縞）

　砂すじ（砂縞）は、コンクリートのせき板の表面に沿って、ブリーディング水が移動し、セメントペースト分が流れて、コンクリート表面に細骨材が縞状（砂模様）に露出したものを言います。発生原因はブリーディングの多いコンクリートで、先に打ち込んだコン

クリートの浮き水を取り除かないで打ち重ねた場合（せき板の継目からの漏水）や、軟練コンクリートを過度に締め固めた場合に発生し、特に垂直部材に多く認められます。砂すじはコンクリート棒形振動機をせき板に接触して急いで引き上げると発生しやすくなりますので、ゆっくり引き上げることが必要です。その場合は、粗度が上昇し、コンクリート表面の強度が低く摩耗に弱くなります。補修は、ワイヤーブラシで砂すじとその周辺を除去し、ポリマーセメントモルタルを塗布します。

写真4　ブリーディングによる砂すじ

5）表面気泡（あばた）

あばたはコンクリートの打込み中に巻き込んだ空気、あるいはエントラップトエアが抜けずに、せき板に接するコンクリート表面に露出し、硬化した状態を言います。原因には多くの条件があります。

①混和剤の種類が適切でない場合
②せき板が湿潤状態でない場合
③せき板の叩き過ぎの場合
④コンクリートの凝結時間が早い場合
⑤スランプが大きい場合

施工の不具合としては、粗度が上昇し、コンクリート表面の強度が低く、摩耗に弱くなります。補修は、表面気泡部にポリマーセメントペーストを塗布し、直ちにポリマーセメントモルタルを表面気泡部に押し込むようにして密実に充填します。

写真5　表面気泡（エントラップトエア）

6）表面硬化不良

コンクリート表面の硬化不良は、せき板の材料の成分によるコンクリート表面の変色（茶褐色）やコンクリートの硬化が不十分で、脆弱な層状になった状態を言います。

発生原因は木製せき板の材質の溶出成分（リグニン、糖分）、長時間の紫外線の照射、腐食菌による食菌によって生じます。不具合としては仕上げ材（タイル、塗装材など）の接着力が、溶出成分の影響により低下します。モルタル界面の接着（引張）強度は $0.4N/mm^2$ 以上を合格とします（国土交通省大臣官房官庁営繕部監修『建築改修工事監理指針　平成 25 年版（上巻）』建築保全センター、2013、p.430）。補修は、コンクリート表面の変色やコンクリートの硬化が不十分で脆弱な層を除去してから、ポリマーセメントモルタルをこて仕上げします。

7) ポップアウト

ポップアウトは骨材周囲のセメントペースト分が健全であっても、粗骨材の化学反応（反応性骨材）、風化岩の使用や吸水膨張により、コンクリート表面が円錐状にはじけて生じる小穴・剥離現象を言います。発生原因は次の通りです。

① 軟石、風化岩の使用
② 反応性骨材：生石灰、安山岩、凝灰岩などの使用
③ 骨材中の硫化物鉱物の存在
④ 粘土塊・雲母を含む骨材の使用
⑤ 吸水率の大きい骨材の使用
⑥ 凍結融解の場合

ポップアウトは美観を損ないます。補修は、ポップアウト箇所をドリルで除去してモルタル・樹脂モルタルを充填し、外部からの水分の浸入を遮断します。

写真6　アルカリシリカ反応によるポップアウト（左：二村誠二氏（大阪工業大学教授）提供、右：川上英男氏（福井大学教授）提供）

8) ひび割れ

① 沈下ひび割れ

沈下ひび割れは水平部材に打ち込まれた軟練コンクリートに、ブリーディングを生じ、鉄筋や粗骨材及び固形物の上端などに沿って生じるひび割れと、コンクリートの打込み時の偏荷重や支柱のゆるみでせき板が変形して生じるひび割れを言います。発生原因は3-4「空気量」のブリーディングの減少、4-10「タンピングの重要性」の図2・図3のように、沈下の中間に鉄筋、埋設物や部材断面が変化する箇所があると、鉄筋の上端や骨材の上端に沿って、コンクリート表面にひび割れが生じることです。沈下ひび割れは中性化促進（漏水）、水密性低下、耐久性低下につながります。

②プラスチックひび割れ

プラスチックひび割れは、打込み直後に、直射日光や風により、コンクリート表面から急激に水分が蒸発逸散する場合に生じます。コンクリート表面で、長さが比較的短いひび割れと、亀甲状の微細なひび割れが全体的に生じることを言います。発生原因は、コンクリート表面の急激な乾燥、異常凝結セメント、泥分の多い砂の使用などです。プラスチック収縮ひび割れは中性化促進、水密性低下、耐久性低下につながります。補修については、6-5「ひび割れと補修」を参照ください。

4-13 型枠によるコンクリート硬化不良の防ぎ方

(1)型枠からの析出

　型枠とは、せき板と支保工の両者を総称した言葉です。せき板は柱、壁などを造るときにコンクリートに直に接して成形する材料です。支保工はせき板を支える材料であり、コンクリートに接することはありません。建築工事に使用されているコンクリート用せき板は、通常合板、単板、鋼製、アルミ合金製、プラスチック製が使用されています。しかし、量的には、合板製せき板が圧倒的に多く、また材質としては、ラワン類が多いです。

　地下2階、地上7階建ての鉄筋コンクリート造のマンションの事例では、地上1階から柱、壁部材のせき板に**新しい合板製せき板**を使用してコンクリートを打ち込んだところ、脱型時にせき板と接触していたコンクリート部材の表面から深さ約5mm程度にわたって、硬化不良を起こしており、暗黒色・ねずみ色で、ざらついており、触ると粉状のざらつきが全面にわたって発生していました。

　それは、合板製せき板に剥離剤を使用していないために、合板製せき板からの溶出成分によって、コンクリート表面に硬化不良がもたらされたものと思われます。ところが、地下1、2階の柱、壁部材には合板製せき板を使用しましたが、地上1階のようなコンクリート表面のざらつきや、粉状の硬化不良が認められなかったのです。それは使用した柱、壁部材の合板製せき板が過去に幾度か使用されていたために、コンクリート中のアルカリに浸食された際に出てくる糖類、樹脂酸、タンニンなどが溶出してしまっていたためと思われます。

コンクリートの硬化不良による影響は、使用回数が多くなるとともに少なくなるようです。新合板製せき板のラワン類は、コンクリートの硬化不良を起こしやすいので、それを避けるため、針葉樹合板の方が、比較的影響が少なくなると言われています。

　コンクリートの強アルカリ性により、せき板の色素がコンクリートの中へ溶け出すことがあります。このようなせき板を使用すると、コンクリートの表面は赤色あるいは橙色に変色することがあります。

(2) 硬化不良の原因

　事例の建設工事で使用された合板製せき板は、5枚の単板を張り合わせた厚さ15mmのもので、外側の2枚は淡黄色、内部の3枚はいずれも褐色を呈していました。合板製せき板の場合には、コンクリートと直に接する外側の単板のみならず、内部の単板からもコンクリートの硬化に有害な成分が溶出してくることが考えられます。コンクリート表面の硬化不良は、日数が経って、せき板を除去する段になってやっとわかるという厄介なものです。

　硬化不良を防止するには、現場で使用されるせき板と同種類の合板を入手して、各単板からアルカリ溶液中に溶出してくる成分について調べることが必要です。木製せき板がコンクリート中のアルカリに浸食された際に溶出してくる成分としては、糖類、樹脂酸、タンニン、リグニンなどがあります。赤褐色を呈するものは、主にタンニンとリグニンですから、合板製せき板2～4枚からは、これらの成分が溶出していたと思われます。事例の合板製せき板による硬化不良は、コンクリートと直に接触していた単板はもとより、2枚目の単板からの溶出成分の影響をかなり受けたものと判断されます。

　また、本工事は打放し仕上げの現場であったために、主に新せき

板製品を使用し、材料保管に不備があり、さらに屋外で日光の紫外線をまともに受けるような積み方であったことが、硬化不良を起こした大きな原因と考えられます。

「かし、きり、けやき」などをせき板に用いる場合には、長時間にわたって直射日光にさらした後で使用すると、腐朽菌がコンクリート表面に生じたりして硬化不良を発生しやすくなります。この現象は、木材成分中の糖類のような水酸基、ことに多価水酸基をもつ成分が硬化不良を起こすからです。硬化不良のおそれがある樹種として挙げられるものは、上述の三つ以外に「赤松、カプール、イエロー、アピトン、米杉」などです。

木材では、太陽光に晒される時間が長くなるとともに、セメントの硬化阻害物質の生成量が増大し、コンクリート表面の硬化不良の原因となります。特に、「けやき」や「きり」は、光照射がなくても硬化不良を起こしますが、光照射により硬化不良がさらに深くなります。ほとんどの樹種は、光照射によって硬化不良を起こしますが、無照射では問題となる硬化不良は生じません。

(3)硬化不良の対策

合板製せき板によるコンクリート硬化不良を防ぐ方法を示します。

①合板製せき板の使用にあたっては、コンクリートに悪影響をおよぼさないために、合板に準じた試験によって、搬入時の検査、また建込み時の処理を管理することが大切です。せき板に適している製材は「すぎ、まつ、その他の針葉樹」です。

②面積の多い打放し仕上げの場合は、現場で同一材質によるコンクリート打ちを実施して、色むら、硬化不良の防止を確認します。

③木製せき板に起因するコンクリート表面の硬化不良は、樹種の影響を強く受けますので、広葉樹系では「かし、きり、けやき」、針葉樹系では「あかまつ、米杉」などのせき板は避けます。
④合板製せき板の場合には、外側の単板のみならず、内部の単板の樹種にも同様の配慮が必要です。硬化不良をもたらす恐れのある木製せき板を用いるときには、水酸化カルシウム飽和水をせき板に散布して、出来るだけ溶出成分を除去するとともに、不透水性の剥離剤を使用します。
⑤合板製せき板による硬化不良を防止するには、建込み前に新品の合板をセメントでノロ引きしてアルカリ処理を行っておくか、脱型後のせき板面に付着したノロを落とさずに転用してアルカリ処理を行った状態とするか、スチレン樹脂やアルカリ樹脂を溶剤で溶かした塗膜型の剥離用表面塗装材を使用することも有効です。
⑥合板製せき板（新品も含む）の使用にあたっては、直射日光に長時間晒されると、タンニンやリグニンなどが溶出しやすくなり、コンクリートの硬化不良につながりますので、屋外で保管する場合には、立てかけてシートで養生するか、上屋のある場所に保管します。

4-14 どの程度の雨なら打込みできるか

(1) 天候の影響

コンクリートの打込み日程は、工程計画当初よりコンクリート工事の施工計画書に見込まれますが、打込み日の最終決定は、現場担当者によって、打込み前日及び当日の朝になって、ラジオやテレビなどの天気予報を基準にして判断して決めているのが通常です。

判断に当たっては、降雨時におけるコンクリートの打込みをできるだけ避けて、好天を選ぶのが原則です。コンクリートの打込みが開始されてから降雨があった時は、コンクリート打ちの継続か中止かについて現場担当者は悩みます。

(2) 雨の中で工事をしてしまう原因

施工担当者は工事を進めるため、次のように天候を都合よく判断してしまう場合があります。

① 天気予報を自分に都合の良いように誤って判断する。

工事担当者は前日や当日の天気予報をラジオやテレビなどで聞いて、今日の昼過ぎから雨が降るということを知りながら、「天気はコンクリート打ちが終わる夕方までもつかもしれない」と誤って判断したり、単位時間当たりのコンクリートの打込みから判断して、「もし雨が降っても被害はわずかだろう」と予測してしまう。

② その結果、大雨の前にコンクリートの打込みを中止する判断が遅れる。

③ 事前に緊急用のシート類、仮設屋根を準備していない。

(3) 雨対策

1) コンクリートの打込み作業をしてもよい雨降り

　天候の判断としては、降雨時におけるコンクリートの打込みはできるだけ避け、好天あるいは曇りの日を選ぶのが原則と言えますが、そのうちでも曇りの日に打込みするのが最も良いと言えます。コンクリートの打込みが開始されてから降雨があった時は、コンクリート打ちの継続か中止かについて、工事責任者は判断に迷います。

　一般的には、

①降雨量 4mm/h 程度の場合で、責任技術者の指示によるとき。

②小雨で 1 時間に 1 〜 5mm（24 時間で 5 〜 20mm）（雪の場合は降雪量の 1/10 を雨量として判断する）の場合。

③現場管理者が雨具を着用しないでコンクリート打込み作業に耐えられる状態。

であれば、コンクリートを打ち込むことができると言われています。しかし、次のような問題がありますので、注意が必要です。

①小雨の場合でも、長い時間になると雨が強くなったり、弱くなったり、やんだりすることがあり、また、一時的に雨量が集中すると、コンクリートの水セメント比が大きくなり、強度低下の原因になることがあります。例え小雨でも、雨の降らないときと同様の品質のコンクリートをつくることは容易ではありません。コンクリート表面が、雨漏りによってわずかに凹凸になる程度であれば続行しますが、雨水で骨材とモルタル部分を分離するように洗われる場合には、直ちに打込みを中止しなければなりません。

②小雨程度でも、打込み中にコンクリート表面に雨水が溜まると

きは、ウエス（布）・スポンジなどに吸水して処理するか、雨水がコンクリート表面に溜まらないで流れるような勾配を設けて処理します。

③小雨の時でも、調合時の水セメント比及び単位水量が増加して強度は低下します。単位水量を 185kg/m^3（水／セメント比が55％のとき）、降雨量 5mm/h のときの単位面積当たりの水量は 5kg/m^2・h となり、コンクリート強度が 1.3〜2.1N/mm^2 減少します。小雨における雨量の状況を判断して、設計時の水セメント比が変わらないようにあらかじめセメントの使用量を増すか、単位水量を少なくして所要の品質をもつコンクリートにすることが必要です。調合設計上は、施工性や気温を考慮した強度補正値があるために、材齢 28 日の供試体強度が設計基準強度を確保していることが必要です。

④水平打継ぎ目のコンクリートを打ち始めるときは、打込み区画を小さくして、打継ぎ面に溜まった水を適当な方法で処理して、直ちにモルタルを敷き込み、迅速にコンクリートを打ちます。

⑤降雨中での作業は作業性が悪い上に、早く済まそうとして作業が雑になりやすいこと、作業員の疲労も増し、注意力が散漫になるために、適切な工事・品質管理が出来なくなると同時に、安全性の面からも悪い結果が生じやすいです。

⑥モノリシック仕上げ（一発直仕上げ）や薄塗り仕上げなどの場合は、コンクリート表面が雨で荒らされた後の補修が難しくなります。後工程によっては、大変な処理費用がかかります。コンクリート表面にレイタンスが発生するため、仕上げ材との付着性が悪くなります。

2)雨降りが予想される場合の打込み前の準備
　①地域別の気象情報サービスから、30分間隔で降雨量とその進行状況を確認します。
　②打込み箇所を養生するシート類や中間打止めのための仕切り板材料を準備します。
　③打込み後の補修方法などを予め考えておきます。
　④せき板内に雨水が浸入しないように、シート類で養生します。

(4)打込み開始後・打込み中に雨が降り出した場合の対応

　原則として、コンクリートの打込みを中止するのが理想的ですが、止むを得ず雨中でコンクリートの打込みをする場合には、次のことを行う必要があります。

1)小雨の時の作業
　①まだコンクリートを打ち込んでいないせき板の梁底や柱・壁の下部の部分に穴を開けて雨水が溜まらないようにします。
　②生コン車上部の投入口に雨水の浸入を防ぐカバーをします。
　③降雨の状況によって適当なコンストラクション・ジョイントを設けて、打込み区画を小さくし、補修を必要とする面積を低減させます。柱や壁は片押しで打込みを途中で止めないで雨水を排水しながら床面まで打ち上げて、以降は直接雨に打たれないようにシート養生します。
　④コンクリート表面に雨水が溜まるときは、ウエス・スポンジなどで処理するか、雨水がコンクリート表面に溜まらないように勾配・溝を設けて排除します。
　⑤雨水の状況を判断して、コンクリートの水セメント比を小さく、高性能減水剤を添加して単位水量を減らしたり、セメント量を

多くして調合強度が低下しないようにします。
2）大雨の時の作業

大雨とは、1時間で 10 〜 20mm、24 時間で 50 〜 100mm の場合です。

①大雨あるいは強い雨により打ち込んだばかりのコンクリート表面に大量の水が溜まるか、あるいは雨で洗われるときには打込みを中止してシート類で覆います。コンクリート表面に溜まった水に見合った適当量のセメントを散布する場合もあります。水和反応によって一時的に表面硬化を図ると同時に保温養生します。

②コンクリートの天端を仕上げ面より 10mm 以上下げて、木鏝押さえで均一にし、鉄筋コンクリート造ではシート類を直接、コンクリート上に敷きます。

(5) 打込み再開

コンクリート打込みを中止した時間の長さ、流れたセメントペースト量などを考えて、新旧コンクリートが密着するように次の方法で新しいコンクリートを打ち込まなければなりません。

①水平打継ぎ部では、コンクリートの表面に溜まった水を適当な方法で処理して、コンリート表面の脆弱部分やレイタンスを、グラインダー、ワイヤーブラシ及び斫りなどで取り除き、コンクリート素地を露出させて水洗いします。

②新旧コンクリートとの密着をよくするために、既に打ち込んだコンクリートより強い通常の豆砂利モルタルを適当に均して、新コンクリートを打ち込むようにするか、あるいはポリマーセメントモルタル、ラテックスセメントペースト・モルタルで直

仕上げをします。コンクリートを打ち込む場合は、事前に適当な覆いを準備しておくと同時に、その覆いがすぐに使えるように、工事の段取りから工夫しておくことが必要です。コンクリートの打込み中に大雨が降り出した場合には、コンクリートの打込みを直ちに中断して、事前に準備しておいたシート類・屋根などで覆うことが必要です。

4-15 せき板・支保工取り外しのタイミング

(1)養生の重要性

コンクリートは、硬化するまでの環境が十分でなければ、その性能を発揮することができません。環境を整えることがコンクリートの養生です。レディーミクストコンクリートは現場で受け取った時点では「半製品」であり、適当な養生を実施した後に初めて完成品となります。養生とは非常に重要な作業の一つなのです。

せき板と支保工の取り外しについては、建築基準法施行令第76条第2項の規定に基づき、建設省告示第1655号、公共建築工事標準仕様書、日本建築学会（JASS 5）及び土木学会（コンクリート標準示方書）で、表現方法が異なっています。

(2)建設省告示によるせき板と支柱の取り外しの考え方

せき板と支柱の存置期間は建築物の部分・セメントの種類及び荷重の状態・気温または養生温度に応じて、表1のようになります。

①せき板は、表1に掲げる存置日数以上経過するまで、またはコンクリートの強度が表1に掲げるコンクリートの圧縮強度以上になるまで取り外さないことです。支柱を取り外さなくても脱型できる基礎、梁側、柱及び壁のせき板は、コンクリートの圧縮強度が$5N/mm^2$で取り外すことができます。この値は若材齢のコンクリートが初期凍害を受けることなく、容易に傷つけられることのない最低限として定められています。スラブ下及び梁下のせき板は、コンクリート圧縮強度の50％で取り外すことができます。

②スラブ下の支柱は設計基準強度の85％、梁下の支柱は設計基準

表1 型枠及び支柱の取り外しに関する基準

せき板又は支柱の区分	建築物の部分	セメントの種類	存置日数 存置期間中の平均気温			コンクリートの圧縮強度
			摂氏15℃以上	摂氏15℃未満5℃以上	摂氏5℃未満	
せき板	基礎、梁側、柱及び壁	早強ポルトランドセメント	2	3	5	5N/mm²
		普通ポルトランドセメント、高炉セメントA種、フライアッシュセメントA種及びシリカセメントA種	3	5	8	
		高炉セメントB種、フライアッシュセメントB種及びシリカセメントB種	5	7	10	
	版下及び梁下	早強ポルトランドセメント	4	6	10	コンクリートの設計基準強度の50%
		普通ポルトランドセメント、高炉セメントA種、フライアッシュセメントA種及びシリカセメントA種	6	10	16	
		高炉セメントB種、フライアッシュセメントB種及びシリカセメントB種	8	12	18	
支柱	版下	早強ポルトランドセメント	8	12	15	コンクリートの設計基準強度の85%
		普通ポルトランドセメント、高炉セメントA種、フライアッシュセメントA種及びシリカセメントA種	17	25	28	
		高炉セメントB種、フライアッシュセメントB種及びシリカセメントB種	28	28	28	
	梁下	早強ポルトランドセメント	28			コンクリートの設計基準強度の100%
		普通ポルトランドセメント、高炉セメントA種、フライアッシュセメントA種及びシリカセメントA種				
		高炉セメントB種、フライアッシュセメントB種及びシリカセメントB種				

(建設省告示第1655号、1988年改正)

強度の100%のコンクリートの圧縮強度が得られたことを確認します。また支柱を早く取り外したいときには、施工中の荷重等によって有害なひび割れやたわみを生じることのない圧縮強度を計算によって求め、その圧縮強度が得られたことを確認することが必要です。

支柱は、表1に掲げる存置日数以上経過するまで取り外さないことです。ただし、コンクリートの強度が表1に掲げるコンクリートの圧縮強度以上また12N/mm²（軽量骨材を使用する場合においては、9N/mm²）以上で、かつ施工中の荷重及び外力によって著しい変形又は亀裂が生じないことが、構造計算により確かめられた場合においては可能です。

③支柱の盛りかえは、次に定めるところによります。

(1)大梁の支柱の盛りかえは行わない。

(2)直上階に著しく大きい積載加重がある場合においては、支柱（大梁の支柱を除く。以下同じ）の盛りかえを行わない。

(3)支柱の盛りかえは、養生中のコンクリートに有害な影響をもたらすおそれのある振動又は衝撃を与えないように行う。

(4)支柱の盛りかえは、逐次行うものとし、同時に多数の支柱について行わない。

(5)盛りかえ後の支柱の頂部には、十分な厚さ及び大きさを有する受板、角材その他これらに類するものを配置する。

(3) JASS 5によるせき板と支保工の取り外しの考え方

1) せき板と支保工の定義

①せき板とは、型枠の一部でコンクリートに直接接する合板製パネル、木製パネル、金属（鋼板）製パネル、プラスチック、繊

維板、などの板類で、コンクリート部材を造る容器の部分です。せき板に要求される性能は、せき板に直接接するコンクリートに有害な影響を与えることがなく、コンクリート部材の位置・断面寸法の精度、仕上がり状態などの所定のテクスチャー及び品質に仕上がることを妨げない性能を有することです。

②支保工とは型枠の一部で、せき板を所定の位置に動かないように固定する桟木、ばた、根太、支柱などの仮設構造物です。

③附属品はフォームタイ、セパレーター、せき板剝離剤などです。

日本建築学会のJASS 5では、「せき板」「支保工」及び「附属品」で部材、部位を形成する鋳型のことを**「型枠（＝せき板＋支保工＋附属品）」**と呼びます。型枠とは、コンクリートと直接接する合板製パネル、金属製パネルなどの板類であるせき板と、せき板を所定の位置に固定するための支保工及び附属品からなります。「仮枠」とも言われます。その機能は、コンクリートを打込みして、所定の形状・寸法のコンクリート製品やコンクリート構造体を造る鋳型となるもので、コンクリートが初期に必要な強度を発現するまでの仮設構造物です。しかし建築に携わる現場技術者や専門業者の多くは、型枠を組み立てる「せき板、支保工」の機能と用語の意味を適正に理解して使い分けていません。

せき板と支保工取り外しのタイミングは、存置期間によって表現します。その存置期間とはコンクリート打込み後、せき板、支保工を解体するまでの時間を言います。公共建築工事標準仕様書及び日本建築学会のJASS 5では、せき板存置期間について規定を提示していますが、型枠の存置期間の規定はありません。

2) せき板の取り外し

次にせき板の取り外しができるタイミングを示します。せき板の存置期間は、コンクリートの圧縮強度またはコンクリートの材齢によって定めることとされています。

基礎梁・梁側・柱・壁のせき板の存置期間については、次の規定によります。

①公共建築工事標準仕様書（2010年）

表2がせき板の最小存置期間です。

表2　せき板の最小存置期間

存置期間中の平均気温	施工箇所 セメントの種類	基礎、梁側、柱、壁		
		早強ポルトランドセメント	普通ポルトランドセメント 混合セメントのA種	混合セメントのB種
コンクリートの材齢による場合（日）	15℃以上	2	3	5
	5℃以上	3	5	7
	0℃以上	5	8	10
コンクリートの圧縮強度による場合	—	圧縮強度が 5N/mm² 以上となるまで		

（公共建築協会『公共建築工事標準仕様書（建築工事編）』 2010、p.65）

②日本建築学会―JASS 5

表3は、基礎梁・梁側・柱・壁のせき板に存置期間を定めるためのコンクリートの材齢です。

せき板の存置期間は計画供用期間の級が短期及び標準の場合に、構造体コンクリートの圧縮強度 5N/mm² 以上、長期及び超長期の場合に 10N/mm² 以上に達したことが確認されるまでとなります。ただし、せき板の取り外し後に、湿潤養生をしない場合

表3　基礎・梁側・柱・壁のせき板の存置期間を定めるためのコンクリート材齢

セメントの種類 平均温度	コンクリートの材齢（日）		
	早強ポルトランドセメント	普通ポルトランドセメント 高炉セメントA種 シリカセメントA種 フライアッシュセメントA種	高炉セメントB種 シリカセメントB種 フライアッシュセメントB種
20℃以上	2	4	5
20℃未満 10℃以上	3	6	8

（日本建築学会『建築工事標準仕様書・同解説 JASS5 鉄筋コンクリート工事2015』p.308）

は、計画供用期間の級が短期及び標準の場合に10N/mm^{2}以上、長期及び超長期の場合に15N/mm^{2}以上に達するまで存置するものとします。

計画供用期間の級が短期及び標準の場合は、せき板存置期間中の平均気温が10℃以上であれば、コンクリートの材齢が表3に示す日数以上経過すれば、圧縮強度試験を必要とすることなく取り外すことができます。なお、取り外し後の養生は、4-16「湿潤養生の目的と方法」の表1に示します。また、せき板の転用計画の制約から、4-16に示す日数に達する以前にせき板を取り外す場合には、その日数までの間または所定の圧縮強度が発現するまでコンクリートを湿潤に保たなければなりません。

スラブ下及び梁下のせき板は、原則として支保工を取り外した後に取り外します。スラブ下及び梁下のせき板でも、施工方法によっては、支保工を取り外すことなくせき板を取り外すことができる場合もあります。その場合は、設計基準強度の50%の

強度発現を準用するか、あるいは適切な構造計算により十分安全であることが確かめられれば、支保工を取り外す前にせき板を取り外してもよいことになっています。

3）支保工の取り外し

支保工は、成形されたコンクリートが所定の強度を発現するまでの間、コンクリート自重を含めた鉛直荷重を支持するものです。

①公共建築工事標準仕様書（2010年）

表4に支柱の最小存置期間を示します。この規定は、支柱の存置期間をコンクリートの圧縮強度またはコンクリートの材齢によって定めることとしています。ただし、寒冷のため強度の発現が遅れると思われる場合は圧縮強度によることとしています。

②日本建築学会―JASS 5

(1) 支保工の存置期間は、スラブ下及び梁下とも、設計基準強度の85％以上及び100％以上のコンクリートの圧縮強度が得られたことが確認されるまでです。存置期間が短い時には施工

表4　支柱の最小存置期間

存置期間中の平均気温	施工箇所	スラブ下			梁下
	セメントの種類	早強ポルトランドセメント	普通ポルトランドセメント 混合セメントのA種	混合セメントのB種	左記のすべてのセメント
コンクリートの材齢による場合（日）	15℃以上	8	17	28	28
	5℃以上	12	25		
	0℃以上	15	28		
コンクリートの圧縮強度による場合		―	圧縮強度が設計基準強度（F_c）の85％以上又は12N/mm²以上であり、かつ、施工中の荷重及び外力について、構造計算により安全であることが確認されるまで。		圧縮強度が設計基準強度以上であり、かつ、施工中の荷重及び外力について、構造計算により安全であることが確認されるまで。

(公共建築協会『公共建築工事標準仕様書（建築工事編）』1988、p.49)

の不具合が発生します。床スラブの場合は、梁に比べてせいが小さく、また鉄筋比も小さいため、曲げひび割れが入ると、剛性低下が著しく、有害なたわみになります。

(2) 支保工除去後は、その部材に加わる荷重が構造計算書において、その部材の設計荷重を上回る場合、上述の存置期間にかかわらず、計算によって十分安全であることを確かめた後に取り外します。

(3) 上述(1)より早く支保工を取り外す場合は、対象とする部材が取り外し直後、その部材に加わる荷重を安全に支持できるだけの強度を適当な計算方法から求め、その圧縮強度を実際のコンクリートの圧縮強度が上回ることを確認し、かつ最低 $12N/mm^2$ 以上としなければなりません。

(4) 支柱は鉛直に立て、また上下階の支柱はできるだけ同一位置に立てる。

(5) 片持ち梁またはひさしは条件が厳しく、支保工の存置期間は、強度 $12N/mm^2$ の緩和規定がなく、上述の(1)(2)に準じます。

4) 支保工の盛りかえ

支保工の盛りかえは、建設省告示第 1655 号（1988 年改正）による「支柱の取り外し」に準じます。ただし、この場合であっても、大梁の支柱は盛りかえてはなりません。

4-16 湿潤養生の目的と方法

　コンクリートの品質を確保するための重要な工程の一つに、打込み後の湿潤養生があります。次に湿潤養生の目的を示します。

①コンクリートの硬化過程における乾燥を防止し、硬化作用を発揮するための水を確保する。

②水分の供給（水分の逸散防止）と適切な温度により、強度が発現するまで保護する。

③打ち終ったコンクリート・セメントの水和反応を促進させ、コンクリートの強度、所要の耐久性、水密性を向上させる。

　コンクリートの湿潤養生は、コンクリートの硬化後の品質を左右しますので、できるだけ長期にわたり行うことが望ましいですが、次工程の墨出し・配筋・せき板の組立てなどを急ぐあまり、養生不足となることがあります。コンクリートが硬化後に所要の性能を発揮するためには、硬化初期において十分な養生を必要とします。コンクリートの養生作業としては、一般に次の事項が挙げられます。

①硬化初期の期間中は十分な湿潤状態に保つ。

②適当な温度に保つ。

③日光の直射、風などの気象作用、及び酸や塩化物などの劣化因子の浸入に対してコンクリートの露出面を保護する。

④振動及び外力を加えないよう保護する。

　そこで、上述の湿潤養生の作業を怠った場合には、次のような不具合な現象を引き起こすことになります。

①硬化初期の期間中に急激な乾燥が生じたり、十分な水分が与えられないと、セメントの水和反応に必要な水分が不足し、コン

クリートの強度発現に支障をきたすことになります。
② 養生期間中のコンクリート温度が過度に低いと強度発現が著しく遅延し、また過度に高いと温度ひび割れの発生を誘発したり、長期材齢における強度増進が小さくなります。
③ 若材齢のコンクリートは、酸や塩化物などによる浸食や、酸化後の物性に悪影響を及ぼす劣化因子の浸入に対する抵抗性が十分でないため、日光の直射や急激な乾燥にさらされると、コンクリートの表面にひび割れが発生し、耐久性を損います。
④ 硬化の進んでいないコンクリートに振動・外力が作用すると、コンクリートにひび割れが発生する危険が極めて大きくなります。

JASS 5 では、一定期間について湿潤養生しますが、その期間は日数により規定する部分と、圧縮強度により規定する場合とに分けられます。それは計画供用期間の級に応じて、それぞれ表1、表2に示すように定めています。公共建築工事標準仕様書では、湿潤養生の期間に対する圧縮強度による規定はなく、表3に示すように日数で定めています。また RC 示方書による湿潤養生機関と気温の関係を表4に示します。

打込み後のコンクリートが透水性の小さいせき板で保護されている場合は、湿潤養生と考えます。しかし、コンクリートの打込み上面でコンクリート面が露出している場合、あるいは透水性の大きいせき板を用いる場合には、初期の湿潤養生が不可欠となります。次に湿潤養生の開始時期とその方法を示します。
① コンクリートの仕上げ後：散水、湿布（養生マット又は水密シート）、湿砂、膜養生剤などで覆い、水分を維持します。
② コンクリート凝結終了後：連続または断続的に散水・噴霧を行

表1 湿潤養生期間

セメントの種類 \ 計画供用期間の級	短期及び標準	長期及び超長期
早強ポルトランドセメント	3日以上	5日以上
普通ポルトランドセメント	5日以上	7日以上
中庸熱、低熱、混合セメント	7日以上	10日以上

(日本建築学会『建築工事標準仕様書・同解説 JASS5 鉄筋コンクリート工事2015』p.27)

表2 湿潤養生を打ち切ることができるコンクリートの圧縮強度

セメントの種類 \ 計画供用期間の級	短期及び標準	長期及び超長期
早強ポルトランドセメント	10N/mm²以上	15N/mm²以上
普通ポルトランドセメント		
中庸熱ポルトランドセメント		

注）厚さ18cm以上のコンクリート部材に適用できる。

(日本建築総合試験所『コンクリート工事の実務』2010年版、p.150)

表3 湿潤養生の期間

セメントの種類	期間
普通ポルトランドセメント 混合セメントA種	5日以上
早強ポルトランドセメント	3日以上
中庸熱ポルトランドセメント 低熱ポルトランドセメント 混合セメントB種	7日以上

(公共建築協会『公共建築工事標準仕様書（建築工事編）』2010、p.61)

表4 湿潤養生期間の標準

日平均気温	普通ポルトランドセメント	混合セメントB種	早強ポルトランドセメント
15℃以上	5日	7日	3日
10℃以上	7日	9日	4日
5℃以上	9日	12日	5日

(土木学会『コンクリート標準示方書』2007)

い、水分を供給します。

③ブリーディング終了後:膜養生剤や浸透性の養生剤の塗布により、水分の逸散を防ぎます。

図1は、養生温度と圧縮強度の関係、図2は、初期の温度が圧縮強度に及ぼす影響です。圧縮強度は養生温度が高いほど早く、低いとゆっくり増大します。コンクリートの長期強度は、練上り温度が低いほど高くなります。初期強度の発現は、練上り温度が高いと、急激な水和反応によって阻害するので低くなります。また、強度はその後21℃で水中養生しても回復できません。

図3は、湿潤養生を行ったコンクリートの材齢28日強度を1とした場合の各種養生方法によるコンクリート強度の比を求めたものです。これによると、強度は湿潤保存すれば長期にわたって増進します。セメントの水和反応は、水を供給すればきわめて長期間にわ

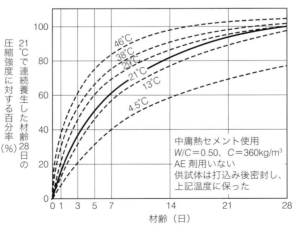

図1　養生温度と圧縮強度との関係（米国開拓局編、近藤泰夫訳『コンクリート・マニュアル』国民科学社、1956、p.19）

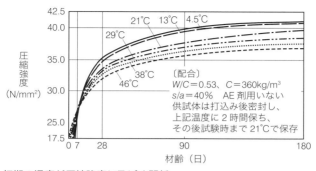

図2　初期の温度が圧縮強度に及ぼす関係（公共建築協会『公共建築工事標準仕様書（建築工事編）』1988、p.154）

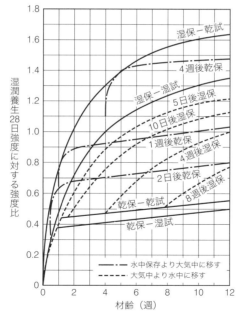

図3　養生法による圧縮強度の変化（日本建築学会『構造体コンクリート強度に関する研究の動向と問題点』1987、5章5.2、p.115）

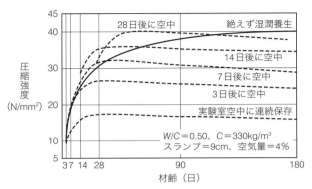

図4　湿潤養生が圧縮強度に及ぼす影響（米国開拓局編、近藤泰夫訳『コンクリート・マニュアル』国民科学社、1956、p.19）

たって継続し、強度が増進することを裏付けるものです。

　図4は、コンクリートが湿潤養生から空気中に出されると、強度の増進は若材齢で止まることを示しています。

第5章

工事のトラブル事例

5-1 配筋検査を実施せずにコンクリートを打ち込んだ

　基礎の配筋検査を実施しないまま、コンクリートを打ち込んでしまった事例です。コンクリートの打込み後では鉄筋の確認のしようがありません。基礎工事の際には、工事担当者が本来実施しなければならない鉄筋の配筋検査を実施しないまま、下請け業者任せで、コンクリートを打ち込んでしまったのです。

　このことは、建築主の指摘により発覚しました。建築主の父親が、建築関連の職方であり、工事経験があったのです。息子の自宅を新築するのですから、毎日現場を見ることを楽しみにしていました。鉄筋を配筋完了後、間もなく生コン車がきて、コンクリートを打つ準備にかかりました。そのときは、不信に思ったものの、配筋検査をしているものと信用して、そのまま工事が進行しました。建築主は基礎工程に不信がつのり、時系列で思い出しながら、時間を確認して、配筋検査の時間が取れていないことを確認してから、工事担当者に配筋検査の報告書の提出を求めました。万事休すです。

　施工者である住宅会社によっては、現場の検査記録が存在しない場合があります。住宅会社は下請け業者に任せて、建築主の管理のみ担当するシステムになっていると、直接段取りしないためにこのようなことが発生します。元請けとしての責任ある検査はせずに、下請け業者に任せて、事実上の丸投げ状態です。

　建設業法第22条に「建設業者は、その請け負った建設工事を、いかなる方法をもってするかを問わず、一括して他人に請け負わせてはならない」とあります。ただし、共同住宅の新築以外なら、事前に建築主の書面による承諾を得た場合は適用除外となります。

元請け施工者としての監理が不十分でですから、大きなリスクとなります。この現場では施工者としての落ち度が確実であったため、基礎を解体撤去、再施工することになりました。

　裁判や調停になる争いの場合、施工者に検査の記録を求めても、提出されないことが多いのが現状です。争いの場では、記録が存在しないと立場が弱くなります。基礎配筋検査が未実施では、品質確保の担保ができません。施工者は、基礎配筋検査項目が記入できていないので、工事監理報告書を建築主へ提出できません。

　本来ならば、次の手順によります。

> ①工事担当者は基礎施工業者より、配筋完了予定日の報告を受ける。
> ②工事担当者は建築主に配筋完了予定日を報告し、配筋検査を行う旨連絡する。そして建築主に、配筋検査に立会うかを確認する。
> ③工事担当者・指定施工業者・(建築主) が現場で立会い、工事担当者が配筋検査を実施する。
> ④工事担当者は指定施工業者に、配筋検査合格後、コンクリート打込みの許可を与える。
> ⑤工事担当者は建築主に配筋検査の実施完了報告をする。
> 　注）建築基準法　中間検査制度導入（1999年5月施行）

　この流れからして、配筋検査を実施する当日に、コンクリートを打ち込むことには無理があります。現実問題として、配筋検査による不具合点発見の場合には、手直し期間の確保が必要です。最短でも**コンクリート打込み可能日は、配筋検査の翌日**となります。検査

に合格することを前提に、午前中に配筋検査、午後からコンクリートを打ち込むという工程を組むことは不可です。万一手直しが必要な場合であっても、生コンの注文をキャンセルする決断は困難です。多少の難なら進めてしまいます。

建築士法第20条3項においても、**工事監理報告書で、基礎の配筋検査の実施（確認年月日・確認方法）を建築主に報告しなければならない**ことになっています。配筋検査の合格を確認した後、すぐにコンクリートを打ち込むことを厳守しなければなりません。

本件では、施工が適正でなかったという証明はできませんが、適正に施工されたという証明もできません。まだ基礎工事で止まったから良かったとも言えます。もし上棟が済み、造作が済み、竣工が済んでから発覚したとしたら？

5-2 生コンクリートに現場で水を加えた

　JIS表示許可の生コン工場から適正に調合された生コンクリートを搬入してきたのですが、現場で勝手に生コンクリートに水を加えた事例です。

　現場で打込みのコンクリートが硬くなってきましたので、基礎工事の職方は、現場にいた人に、気軽に「ちょっと水を加えるけど、だまっとって！」と言って、生コンクリートに水を入れました。この人は建築主の父親で、作業服を着ていましたが建築については素人です。職方は父親とも知らずに、近所の年寄りがちょっと現場を見ている程度と思ったのでしょう。父親は職方がコンクリートに加水しても、意味がわからずに、特に異議を申し立てませんでした。生コンを搬入してきた生コン工場のオペレータは、加水行為を知りながら黙っていました。

　基礎工事は無事に完了し、上棟が済みました。上棟式をしている最中の乾杯後、談笑中に異変がおこりました。父親が何の気なしに、「そういえば基礎のコンクリートに、水を入れていたけれど、大丈夫ですか？」と切り出しました。関係者は「エッ！」といって、一瞬現場が凍りつきました。上棟式に出席していた建築主の親戚の中に、専門家がいました。ゼネコンで現場監督をしています。上棟式のめでたい雰囲気は、一瞬にしてガラリと変わりました。

　コンクリートの圧縮強度は、水セメント比W/C（水÷セメントの重量比）で決まります。当然強度は水を加えると低下します。施工性の許す範囲内では、水の少ないコンクリートが良いコンクリートです。現場で生コンクリートに加水することはコンクリートの強

度・耐久性の低下につながりますので、厳禁です。

　生コンクリートは品質確保上、時間管理が必要です。工場での練り混ぜ開始から、現場打込み完了までの時間が、季節により90〜120分と決められています。生コン工場を出発してから、現場に到着して、コンクリート打込みまでの時間を考えると、表1のように、特に夏場では、時間的余裕がありません。何らかの事情により遅れますと、コンクリートは硬くなり、作業性が低下します。

表1　コンクリートの時間管理

外気温	25℃未満	25℃以上
練混ぜから打込み終了までの時間	120分以内	90分以内

(日本建築学会『建築工事標準仕様書・同解説 JASS5 鉄筋コンクリート工事2015』p.23)

　現場で水を加えるとやわらかくなりますので、管理しないと、安易に加水することにつながる可能性があります。打込み中は、生コンの輸送を止めると、損失金額の発生と、工期遅延につながる可能性もあり、現場では加水する誘惑にかられるかもしれません。

　住宅会社は、本件を解決するために、かなりのエネルギーを使いました。技術的には許されないことですから、勝負にはなりません。上棟の済んだ建物の基礎に関するクレームは厳しいものです。

　住宅会社は、コンクリートへの加水を認めた上で、建築主側と親戚のプロを交えて交渉しました。基礎の保証期間を通常の10年から20年に延長するなど、様々な提案を行いました。建築主側の親戚のプロの方は終始一貫、「法律違反ですね！」を繰り返し、話はつきませんでした。結論は解体撤去後やり直しになりました。住宅会社としても、悪いことは事実であり、認めざるを得ません。

　生コンに加水したことが発覚し、せっかく造った基礎を解体撤去後やり直しした例は少なくありません。コンクリートに加水しては

いけないことは、施工者としての常識で、絶対条件です。建築基準法37条（建築材料の品質）違反による犯罪となります。

住宅会社と建築主の間で結論が出た以上、住宅会社は元請けとして、手早くやり直し工事に着手しました。工事に伴う損失金額については、やり直し工事の途中で、下請け業者と責任の分担を話し合います。通常は元請けの住宅会社と、基礎工事業者、生コン工場などの工事関係者が集合して、互いに責任をなすり付け合い、簡単には話がつきません。損失金額を経営規模の小さな下請け業者に支払わせると、倒産の危機になりますので、元請け業者である住宅会社がかなりの金額を負担することが多いです。

ここで異変がおこりました。

基礎工事業者によるコンクリートの加水行為に加担したことになる生コン工場は、「損失金額の全額を負担するから、この問題はなかったことにしてくれ！」と言い出したのです。生コン工場の存続を図りたい生コン工場社長は知っていたのです。加水が判明した生コン工場の経営がどうなるのかです。生コンのオペレーターが加水に加担したことにより、加水をした生コン工場という噂がたち、倒産する事例が多いことを、知っていたのです。

生コン工場は、提示された損失金額の見積りを一切値切らずに、すぐに振り込んできました。結果として、住宅会社は、金額面では損失が出ないことになりました。しかし、近隣の評判の低下や、多くの手間をかけたことによる損失が多大であることには変わりません。

硬くなったコンクリートについては、施工不能となってしまいますので、対処方法が決められています。現場での**"流動化剤"**の添

加です。水を入れることなく、一時的にコンクリートをやわらかくすることができます。したがって、流動化剤を、保険の意味で、コンクリートを打込みする際に常備しておく必要があります。常備していなかったら、加水につながる可能性があります。

　また、かなり昔ですが、このような事例もありました。

　現場の生コンに水を入れているところを、工事関係者が動画で撮影し、その建物の竣工引渡しが済んだ後に、マスコミに流したのです。建物が特定されていますから、構造上の問題として、専門家が入り検証しました。コアを抜いて圧縮強度を測ると、当然強度が出ません。結果的には解体撤去になりました。

　インターネットが普及した現在なら、常に発覚の可能性があり、施工店が倒産するリスクがあるということになります。

5-3 使用するコンクリートの圧縮強度が不足した

　住宅現場で予定の圧縮強度ではないコンクリートが発注された事例です。施工者はコンクリートの強度について、基礎業者と打合わせすることなく、お任せにする場合があります。クレーム事例は、通常使っている基礎業者が他の仕事で忙しく、施工できない場合に起こりました。初めての業者だったのですが、後で聞いてみると、建売住宅の基礎を施工しているようです。住宅会社の工事担当者は通常の業者と同じレベルの管理を行いました。「いつもの通り」ということで、詳しく打合わせせずに、任せました。

　建築主は基礎完了後に、コンクリート強度を確認するために工事担当者に聞きました。若い工事担当者は、基礎工事業者から聞いたことをそのまま回答して、問題化しました。

　基礎工事業者は $21N/mm^2$ で生コン工場に発注しました。現実には、この強度でも、不同沈下など構造的な問題は発生しないでしょう。

　本来、生コン工場に対し発注するべき強度は、構造体強度補正値を加えた調合管理強度ですから、$27N/mm^2$ でした。しかし建築主は、契約前段階に随分と詳しく説明を聞いて、確認しておりました。「話が違う」ということになりました。

　本書2-1で説明しましたが、設計基準強度・耐久設計基準強度・品質基準強度・構造体強度補正値・調合管理強度（発注強度）の関係を理解してください。調合強度は生コン工場の話ですから別として、生コン工場に対し発注する調合管理強度を確実に確認します。

　普段使っている業者なら、「いつもの通り」で通用するのですが、

新規業者の場合には、すべてを確認しなければなりません。管理のレベルが異なってきます。工事担当者も甘かったのですが、基礎業者も確認することなく、勝手な判断をしています。

　一言でいえば、「**コミュニケーション不足**」になります。基礎関連のトラブルを解決するには、膨大な費用と手間がかかります。工事担当者や工事責任者が投入する時間も多く、モチベーションも低下します。建築主は多いに不満です。だれも得をしません。基礎でクレームがつくと、最後まで響きます。

5-4 せき板存置期間と湿潤養生期間を守らなかった

　基礎のコンクリート打込み後のせき板を外す時期が、基準よりも早過ぎてクレームになった事例です。住宅会社が現場管理をしていても、下請けの基礎施工業者とせき板を外す日を打合わせせずに、業者任せにする場合に起きます。下請け業者が次の現場にせき板を必要とする場合には、早目に効率よく外してしまうのです。外してしまった以上、戻せませんので、工事担当者が気付いた時点で、そのまま認めざるを得ないのです。工期短縮を必要とする場合など、どうしても早く外したい場合には、"早強ポルトランドセメント"を使用するなど、方法はありますので、下請け業者と事前に打合わせして、別の対策を講じる必要があります。

　計画供用期間が短期・標準の場合、圧縮強度が5N/mm²以上に達すればせき板を解体することができますが、表1のように、日数による解体基準もあります。現場では日数基準を使うことが多いです。

表1　基礎・梁側・柱及び壁のせき板存置期間

平均気温 \ セメントの種類	早強ポルトランドセメント	普通ポルトランドセメント	混合セメントB種
20℃以上	2日	4日	5日
20℃未満10℃以上	3日	6日	8日

(日本建築学会『建築工事標準仕様書・同解説 JASS5 鉄筋コンクリート工事2015』p.31)

　コンクリート打込み後、5日以上はコンクリート温度を2℃以上に保ち、かつ乾燥・振動を避けなければなりません。また、ベース(底盤)コンクリート打込み後、1日(24時間)以上経過してから歩いたり、墨出し作業をすることになっていますが、24時間経過せずに、作業することは多いです。午後からベースコンクリート打込

み、翌日の朝からせき板組み立てをする事例は珍しくありませんが、これは不可です。コンクリートを打込みした翌日だから、1日経過と勝手に都合よく解釈する人もいます。表2は計画供用期間が短期・標準の場合ですが、湿潤養生期間の日数を示します。

表2 湿潤養生の期間

セメントの種類	早強ポルトランドセメント	普通ポルトランドセメント	中庸熱・低熱ポルトランドセメント 混合セメントB種
日数	3日以上	5日以上	7日以上

(日本建築学会『建築工事標準仕様書・同解説 JASS5 鉄筋コンクリート工事2015』p.27)

前のページのせき板枠存置期間と比較すると、普通ポルトランドセメントで、20℃以上の場合には、せき板存置期間4日、湿潤養生期間5日以上となります。せき板がある状態では湿潤養生になりますが、せき板を外した後の1日間は湿潤養生継続が必要です。

5-5 アンカーボルトの位置がずれていた

　基礎のアンカーボルトの位置が異常であるとのクレームがついた現場です。基礎の段階で、建築主も素人なりに真剣に検査しています。

　コンクリートを打込みした後、硬まる前にアンカーボルトを差し込みました。これは「田植型式」と呼ばれます。鉄筋・配管などに当たれば、抜いて少しずらした位置に、基礎の職方が適当に差し込んでいました。昔はこのやり方で通用しましたが、現在では不可です。

　アンカーボルト設置用の「専用治具」を使用して、コンクリート打込み前に、しかるべき位置に設置しなければなりません。コンクリート打込み前のアンカーボルト完全設置がポイントです。基礎伏図には「mm単位」でアンカーボルトの位置が記載されています。基礎天端からの出も基準通りでなければなりません。既製品の治具もあれば、各住宅会社も、自社の基準に合うように、指定品として製作しています。

　現場には必ず施工誤差が生じます。誤差はゼロにはできませんが、極力ゼロを目指して施工します。最初から誤差を見越して施工する

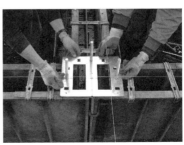

と、許容誤差を外れますから、現場施工には誠意が必要です。そのような職方を採用したいものです。

また適時に教育が必要です。教育は継続しなければ劣化するという性質があります。前に一度教育を実施したからそれでよしとはなりません。

アンカーボルトの位置が少しズレましたが、建築主と相談した結果、保証期間を延長することにより、後施工アンカーなどの対策などを講じることなく、やり直しはしませんでした。しかし、いつも話がつくとは限りません。

5-6 ベースコンクリートの寸法が不足していた

　建築主と施工者の間で争いに発展した裁判事例です。専門家により基礎スラブをコア抜きされている事例です。コアの実物を見ると、基礎スラブ厚さは約175mmです。契約図面の基礎スラブ厚さは200mmとなっており、通常の施工誤差の範囲をマイナス10mmとしても、明らかに施工誤差の範囲を逸脱して不足しています。コア抜き箇所は、1ヶ所のみですが、建物全体の基礎スラブ厚さは、約175mm前後と推測できます。

　杭基礎＋ベタ基礎が採用されている場合、部分的ではなく建物全体の面積として支持されているので、条件としては比較的良好です。鉄筋コンクリートの基礎スラブ厚さは、ダブル配筋の場合には、かぶり厚さの現場における施工誤差を考慮して、図面通りの200mmを確保すべきものです。ベース厚さについて、契約上の規定値を満足しているとは言えません。

　裁判では、双方の建築士が地盤調査のデータと、基礎構造及び現場の基礎状況、各種の仕様書、現状での構造計算等を総合的に判断し、見解を述べます。竣工後の経過年数や不同沈下等の現象の兆しも判断材料です。コアの実物を見ると、鉄筋の位置が確認でき、基礎の下端のかぶり厚さは不足しています。ベース厚さの不足は、即かぶり厚さ不足になります。

　この事例では、べた基礎主筋下筋のかぶり厚さは25mm～31mmとなっていました。本来は基礎スラブの下端のかぶり厚さは60mm必要とされているので、明らかに施工誤差の範囲を逸脱して不足しています。

　基礎スラブの下端のかぶり厚さは60mm必要であるという基準を逸脱することは許されることではありません。本来ならば現場の施工誤差10mmをプラスして、設計かぶり厚さ70mmとするべきものです。現場の施工者としては、かぶり厚さ70mmの確保を目標に施工するべきです。

　一般的に、住宅現場において、基礎を施工する職人は、施工中に鉄筋を踏むことになり、鉄筋は下がりがちです。下がりを防止するために"サイコロ"及びコンクリート製、鋼製のスペーサを設置します。工事途中の配筋検査のときに、工事を監督する立場にある工事担当者や工事責任者の配慮が不足していたことになります。基礎スラブのかぶり厚さは、下端60mm、上端40mmとされていますので、基準は守らなければなりません。

5-7 RC造の建物に結露が発生した

　鉄筋コンクリート（RC）造の建物（築1年）で、夏結露によるクレームが発生しました。5月中旬頃より、大量の結露水により、木部の傷み・カビの発生に至りました。

　建物の結露は、室外と室内の温度差により、気温が低いほど、空気中に含むことのできる水分が少なくなる特性から、露点温度以下になった場合に生じます。また、環境条件を見ると、冬場には外気が寒く、室内が暖房で暖かくなり、夏場は外気が暑く、室内が冷房で涼しくなります。したがって、結露は、温度差が大きくなる冬・夏ともに生じやすいのです。

　次に、結露（カビ発生）の一般的な原因を示します。
①土中からの漏水による室内の湿潤（原因が漏水でも結露になる）
②コンクリート余剰水分の蒸発過程における湿度上昇。
③コンクリート表面での蒸発潜熱による温度低下に伴う結露発生。
④コンクリート周壁の外部は土で囲まれているため、外気に比べて、気温変動は小さく、梅雨から初秋にかけては涼しく、その時期に外部からの高温多湿な空気が導入されると、表面温度が低いので、結露が生じやすくなる。
⑤換気不足の場合には、人間からの発汗による水蒸気がこもり、室内の湿度を高める。

　「建築」には本体建築そのものと各種設備が含まれています。日本のように高温多湿気候の国では、住宅の快適性を確保する際、本体建築だけで対処するには無理がある場合もあります。また、結露は、土地自体の条件によりますので、必ず結露するわけではありません

が、鉄筋コンクリート造打放しでは、結露として問題化する可能性が高くなります。本体建築で対処できない部分には、設備で対処せざるを得ません。

　外部環境の影響を受けやすいコンクリートやガラスが多用される建築においては、換気・除湿などの設備面での対策を採ることが必須条件となります。夏場（6～9月）は外気の湿度が高い状態であるため、換気よりも除湿を重要視し、冬場は24時間換気設備の運転をすることで対応可能と考えられます。**夏場の過度の換気は、高湿度空気を室内に取り入れることになり、マイナス効果**になります。

　RC造の建物の場合は、設計段階で、建築主に対して結露の可能性を説明し、除湿機としてのエアコンを設置することを提案し、見積りに含むべきです。最終的には、本件建物も大容量の除湿を目的としたエアコンを取り付け、結露は収まりました。

5-8 基礎コンクリートがひび割れしていた

　基礎コンクリートにひび割れが発生している事例です。建築主は「ひび割れ＝欠陥住宅」と考えます。「施工者の見解」として、建築主に報告書の提出を求められる場合がありますので、報告書例を示します。まず、①地盤、②基礎コンクリートに使用した材料、③基礎コンクリートの施工について分けて検討し、その後に④コンクリートのひび割れ、⑤コンクリートのひび割れ補修、⑥将来に発生するひび割れの可能性について報告します。

報告書例

(1) 地盤

　地盤調査報告書と杭工事報告書から不同沈下の可能性を判断します。本件建物の敷地は、"スウェーデン式地盤調査報告書"のデータにより、建物を建てる場合に、充分な地耐力のある敷地ではないと判断されますので、基礎の補強が必要です。通常の木質系2階建て住宅の現実の荷重は、基礎・構造体・積載荷重を合計して、平均約1t/m^{2}です。この地耐力として、安全性を勘案して、換算N値5（5t/m^2）以上が必要とされています。換算N値5の地耐力がある場合には、基礎補強を行わずに、通常の400mmのベース幅を持つ布基礎でよいことになります。

　本件敷地は、地盤面から○○m下部までは地耐力が不足しています。基礎補強方法として、ベタ基礎だけの施工では不可であり、不同沈下対策として、支持層に到達する杭施工が妥当です。

　杭工事報告書により、約○m以上まで、○○本の杭（杭径400mm）

が施工されており、支持層に充分に貫入しています。さらに、ベタ基礎として一体化されているため、将来の不同沈下が発生する可能性は極めて低いと言えます。つまり、基礎に構造クラックが発生する可能性は、極めて低いです。

(2)基礎コンクリートに使用した材料

生コンクリートの配合計画書・納品書・破壊試験報告書から、「材料」としてのコンクリートが適正かを判断します。コンクリートの配合計画書・納品書（JISマーク表示製品）より、コンクリートの性質は次の通りです。

1)水セメント比〇〇％（コンクリート強度に大きく影響します）

水セメント比の基準は、65％以下です。特に、ひび割れの制御を意図する場合、60％以下とすることもあります。特殊な水密コンクリートや、高強度コンクリートの水セメント比は50％以下となっていますが、通常の住宅現場では、問題のない数値と言えます。

2)単位水量〇〇 kg/m^3

単位水量の基準は、185kg/m^{3}以下です。特に、ひび割れの制御を意図する場合、180kg/m^{3}以下とすることもあります。西日本は骨材事情が悪く、夏場に185kg/m^{3}をオーバーする可能性がありますが、通常の住宅現場では、問題のない数値と言えます。

3)単位セメント量〇〇 kg/m^3

単位セメント量の最小値は270kg/m^{3}です。経済性を考えると、むしろ大き過ぎるぐらいで、通常の住宅現場では、問題のない数値と言えます。

4)スランプ 18cm

スランプの基準は、調合管理強度33N/mm^{2}未満の場合18cm以下

で、誤差は±2.5cmとなっています。本件では、○○納入分の計測スランプ17.5cm、○○納入分の計測スランプ18.5cmですから、問題のない数値と言えます。

　作業性の許す範囲内で、スランプが小さいほど、硬いコンクリートであることをを示し、良い条件になります。住宅の基礎の場合は、大きなビルとは異なり、比較的基礎の断面寸法が小さく、鉄筋が密に入っており、コンクリートの施工性から若干スランプが大きくなります。特に夏場は施工性を重視してスランプを大きくします。当然、基準の範囲内での条件です。硬すぎる（ワーカビリティーが悪い）と施工上の不具合が発生する可能性が高くなりますので、流動化剤の使用や、高流動コンクリートなど、別の方法による対処が必要です。

5）呼び強度 27N/mm²

　呼び強度（調合管理強度）は27N/mm²です。この数値で生コン工場に対し発注されたことになります。コンクリートの28日圧縮強度は、破壊試験の結果、標準養生で、○○納入分が、35.9N/mm²、○○納入分が、36.5N/mm²ですから、30％以上の余裕があり、問題はありません。これだけ大きな数値が確保されるのは、生コン工場側で、調合管理強度を元に、安全性を考慮して、実際の調合強度を、若干高めに設定するからです。

6）その他

　粗骨材最大寸法20mm、細骨材率49.5％、空気量4.5％、細骨材の塩化物量0.04％以下、アルカリシリカ反応性による化学法区分、高性能AE減水剤の使用など、数値上の問題はありません。

　これより、発注した生コン工場（㈱○○）の製品は、JIS表示許可工場のJISマーク表示製品であり、鉄筋コンクリート工事標準仕様

書(JASS5)の基準に合った適正な生コンクリートを出荷して、現場で受領したことになります。

(3)基礎コンクリートの施工

1)練混ぜから打込み終了までの時間

コンクリートの運搬は、生コン工場出発から現場到着まで〇〇分前後と記載されており、練混ぜから打込み終了までの時間が、25℃以上の場合の基準である90分以内、25℃未満の場合の基準である120分以内と想定されます。

2)せき板存置期間

せき板の存置期間は、普通ポルトランドセメント使用で、20℃以上の場合4日以上、10℃以上20℃未満の場合6日が基準です。せき板解体日が〇〇日ですから、充分な存置期間と言えます。

3)湿潤養生期間

湿潤養生期間は5日以上(本建築物は住宅のため、普通ポルトランドセメント使用で、計画供用期間"標準"として設定)が基準です。せき板解体日〇〇日ですから、充分な湿潤養生期間と言えます。

4)現場施工状況

現場で目視した範囲では、基礎コンクリートの施工について、ジャンカ・空洞・砂じま・コールドジョイントなどは特別に見当たりません。立上がり部の基礎の肌もきれいです。適切にバイブレーターによる締固めがなされたと思われます。

コンクリートの施工は、問題がないレベルと言えます。現場施工については、必ず施工誤差が発生しますから、完璧でない部分はありますが、現状の基礎は、充分な余裕をもった許容範囲と言えます。基礎の職人の施工レベルは問題ありません。

(4) コンクリートのひび割れ

コンクリート(水+セメント+砂+砂利)のような、水を使う湿式材料である以上は、乾燥収縮を伴い、ひび割れ発生の可能性が高くなります。コンクリートのひび割れの多くは、乾燥収縮によるものであり、通常に発生する現象です。地面よりも下部のコンクリートは、土によって湿潤状態となり、乾燥しにくいため、ひび割れも少なくなります。乾燥収縮ひび割れは、基礎立ち上がり部の上部に集中することになります。ひび割れ幅は上端が太いひび割れで、下部にいくほど細くなり、さらに下部ではひび割れが見えなくなります。

ひび割れが発生しやすい部位としては、コンクリートの条件が変わる部位、鉄筋の位置、アンカーボルトの位置、人通口周辺、基礎のT字・L字・十字となるコーナー部周辺に多く見られます。

コンクリートの乾燥収縮率は、通常 $(6 \sim 8) \times 10^{-4}$ と言われています。これは実験室での数値であり、実際の基礎コンクリートは鉄筋に拘束されますので、この半分程度の数値になります。つまり、約3/10000になります。これは10mの基礎に対し、ひび割れ幅の合計で3mm程度(例えば0.3mmのひび割れが10本)です。コンクリートの乾燥収縮が落ち着くには、数年かかると言われています。コンクリートのひび割れを放置すると、pH12.5のかなりの強アルカリ性から、徐々に中性化が進行しますので、耐久性の観点から好ましくありません。中性化現象は炭酸ガスとの反応による劣化現象であり、コンクリートの圧縮強度の低下はありませんが、鉄筋の発錆条件となりますので、耐久性に悪影響を及ぼします。

$$Ca(OH)_2 + CO_2 \rightarrow CaCO_2 + H_2O$$

中性化現象は、炭酸ガス濃度に比例して進行します。室内では、

人間の呼気により、炭酸ガス濃度が0.1％程度になります。外気の炭酸ガス濃度は、0.03％程度です。したがって、中性化は建物内部の方が外部より進行が早まります。中性化の進行の点では、基礎コンクリートが接する床下・外気の条件は室内と比較して良いです。

現在の基礎の立上がり幅は、150mmになっています。ひび割れ幅は比較的小さいですが、部分的に外から内に貫通している可能性もあります。補修することにより、ひび割れしていない部位と同等の、問題のない強度になります。

一方、構造的に異常がある場合は、不同沈下が発生します。

これは**"構造ひび割れ"**と呼び、床の傾きや、建具の開閉に支障をきたします。住宅の品質確保の促進等に関する法律（品確法）には、傾きの基準が示されています。

品確法による、瑕疵の可能性が高いとされる6/1000の傾きでは、生活に支障が出ます。構造ひび割れは、通常の乾燥収縮によるひび割れとは全く異なり、大掛かりな個別対応が必要となります。

▷品確法第70条（技術的基準）
国土交通大臣は、指定住宅紛争処理機関による住宅に係る紛争の迅速かつ適正な解決に資するため、住宅紛争処理の参考となるべき技術的基準を定めることができる。建設省告示1653条（平成12年7月19日）による技術的基準は下記の通り。

レベル	傾斜の程度	瑕疵の存する可能性
1	3/1000未満の勾配の傾斜	低い
2	3/1000以上、6/1000未満の勾配の傾斜	一定程度存する
3	6/1000以上の勾配の傾斜	高い

ただし、沈下傾斜の測定区間は水平3m程度以上、垂直2m程度以上

(5)コンクリートのひび割れ補修

コンクリートのひび割れの補修方法としては、「エポキシ樹脂の注入工法」が採用されることが通常です。エポキシ樹脂の注入による補修は、ひび割れしていないコンクリートと同等以上の強度になるため、補修対策として認められているものです。

表1のように、ひび割れ幅が0.2mm以上、もしくは0.3mm以上のひび割れに対し、補修します（文献により、数値が異なり、整合性がとれていません）。また、0.2mm以下のひび割れは、水・空気が浸入しにくいため、対策をとらないことも多いです。

表1　ひび割れ対策方法

ひび割れ幅	挙動	処理
0.2mm以上 1mm以下	する	軟質形エポキシ樹脂注入工法
	しない	硬質形エポキシ樹脂注入工法
1mmを超える	する	Uカットシール材充てん工法（シーリング材）
	しない	Uカットシール材充てん工法（可とう性エポキシ樹脂）

住宅現場の基礎のひび割れでは、自動式低圧エポキシ樹脂注入工法が採用されています。エポキシ樹脂注入により強度上全く問題はありません。乾燥収縮による基礎のひび割れが落ち着くには、数年かかる場合が多く、エポキシ樹脂注入時期については、即施工ではなく、ひび割れの進行が落ち着いてから施工するのが好ましいです。また、ひび割れの進行が落ち着いていない場合、エポキシ樹脂を注入した部位は、固まって割れませんが、注入していない別の部位にひび割れが発生する事例が多く見受けられるからです。

(6)将来に発生するひび割れの可能性について

ひび割れの通常の保証期間は2年ですが、2年を経過した後、ひび割れしている箇所を補修する場合もあります。現在では、住宅の基

礎は、鉄筋コンクリート造になっています。コンクリート材料は、時間の経過につれて乾燥収縮を伴いますので、ひび割れする可能性があります。一切のひび割れを許容しないならば、コンクリートは使用できません。基礎コンクリートは強度や耐久性を確保するという前提条件で、許容するひび割れ幅をもとに各種の補修方法によって維持することが必要です。

第6章

コンクリートの劣化と検査・維持補修

6-1 構造体の耐久性能（計画供用期間）

　計画供用期間中は、構造体に鉄筋腐食やコンクリートの重大な劣化が生じないものとしなければなりません。劣化作用として、コンクリートの温度、含水率に影響する環境条件、二酸化炭素濃度、紫外線、風雨なども影響します。

　構造体の計画供用期間として、短期・標準・長期・超長期の4水準があります。計画供用期間とは、構造躯体の計画耐用年数であり、大規模改修不要予定期間のことです。供用限界期間とは、建物を継続使用したい場合、この期限内に構造躯体の大規模補修を行えば、さらに延長使用可能となることを表しています。

　鉄筋コンクリート（RC）造建物の寿命を延ばすには、コンクリートの圧縮強度を高め、鉄筋のかぶり厚さを増やすことです。超高耐久性コンクリートとして、500年コンクリートが開発されています。

　住宅性能表示制度による劣化対策等級（表1）があります。建物の構造部分に用いる木材の白蟻対策や腐朽、鉄筋の錆び対策など、長持ちさせるための対策の程度を示す耐久性等級です。

表1　劣化対策等級

等級	基準
1	建築基準法に定める対策がなされている。
2	約50～60年間は、大規模な改修工事が不要。
3	約75～90年間は、大規模な改修工事が不要。

　「長期優良住宅の普及の促進に関する法律」（2009年6月施行）では、劣化対策等級の3が求められています。等級3とは、住宅が限界状態となるまで3世代以上になるということです。

　長期優良住宅とは、良質な住宅ですから、当然その分の建築コス

トは一般住宅より高くなることは間違いありません。良質住宅のストックを普及させ、将来世代に継承するために、建物を長持ちさせる必要があります。

「住宅ストック更新周期の国際比較」というデータ（図1）があります。その住宅を新築してから解体撤去するまでの平均期間のことです。つまり現実の各国の建物の平均寿命と言えます。このグラフによりますと、日本の住宅は平均で約30年しかもたないということです。日本の住宅は諸外国に比較して、圧倒的に短命なのです。

今後は、環境問題の深刻化や少子高齢化など、どのように考えても、スクラップ＆ビルドは許されなくなることは確実です。建物は、メンテンンスを継続して、長持ちさせなければなりません。建物は、本来は長持ちするもので、何年もつかではなく、何年もたせるかという入居者の意識により決まるものです。建築主は建築時点で、建物を長持ちさせたいという意識を持っておくことが重要です。総合的に見ると、建物を長く使用することは、環境にやさしく、経済的になります。

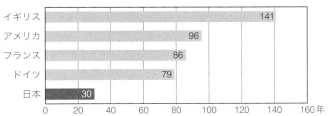

日本の住宅寿命は30年程度と、先進諸国と比べて極端に短い。従来のスクラップ＆ビルドから本格的なストック社会への転換が迫られている今、良質で長持ちする住宅の建設が求められている。

図1　住宅ストックの国際比較（総務省住宅統計調査、国連 Annual Bulletin of Housing and Building for Europe）

6-2 基礎コンクリートから発生する水分

　コンクリートに含まれる水のうち、セメント重量に対して、結合水25%＋ゲル水15%の合わせて40%の水が反応し、残りは遊離水（自由水・余剰水）です。水セメント比（W/C）は65%以下、単位セメント量は270kg/m^{3}以上という基準がありますから、水は175.5kg/m^{3}以下になります。セメント重量の40%が必要な水とすると、108kg/m^{3}です。67.5kg/m^{3}の水が余剰となり、コンクリート1m^{3}あたり男性1人分の体重の水が蒸発することになります。

　この余剰水は、コンクリート打込みにあたり、施工性（ワーカビリティ）の確保のためには必要な遊離水ですが、施工後は本来なら不要なものです。コンクリート中に遊離水が多く存在することで、遊離水が蒸発することによる乾燥収縮が大きくなり、コンクリートにひび割れが入りやすくなります。品質面ではマイナスにしか作用しません。

　コンクリートの中に分散した遊離水（水や水蒸気）は、コンクリート打込みから約3年間にわたり水蒸気（湿気）を放出し続けるのです。床下空間は、基礎コンクリートから発生する湿気により結露の起こりやすい状態になっています。コンクリートの中に含まれる遊離水による湿気は、安定した平衡状態になるまでに数年かかると言われています。

　入居から3年間は、特に床下点検が必要です。異常を最も早く察知できるのは入居者ですから、事前に説明をして、入居者の協力を得ることが必要です。入居者は点検に参加することにより意識が向上します。

表1は、滋賀県にある一般住宅の床下温度を実測したものです。床下温度は、夏場・冬場ともに、1日を通じて、温度がほぼ一定になりますから、外気との温度差が生じます。床下空間にコンクリートからの湿気が増えると、結露が発生する可能性があります。

表1　住宅の床下温度実測値（筆者測定）

	測定時刻	外気温度	床下温度	小屋裏温度
冬季 2/9～21 の平均温度	7:00	2.2℃	7.9℃	2.7℃
	12:00	6.2℃	7.6℃	7.0℃
	18:00	1.9℃	7.7℃	5.8℃
夏季 7/15～28 の平均温度	7:00	23.5℃	24.8℃	27.5℃
	12:00	28.0℃	25.0℃	29.5℃
	18:00	26.0℃	25.1℃	39.5℃

　コンクリートは施工性の許す範囲内で、水分の少ないほど、硬いほど、良質なコンクリートです。遊離水の量を抑えることは、コンクリートのひび割れを防止する最も有効な対策となり、建物の耐久性に大きく影響します。

　水分が少ないとコンクリート打込み中に手間がかかりますが、建物の耐久性は向上します。さらに湿気の発生が少なければ、建物の寿命は延びます。

　RC造の建物であれば、床下空間のみならず、室内全体の換気が重要になります。最近の建物は、コンクリートの容量も大きく、24時間換気を適正に実施しない場合、湿気により入居者の健康を害する可能性もあります。現在では、新築建物に義務付けられている24時間換気ですが、入居者が電気代の節約のために、スイッチを切る場合がありますので、切らないように説明することが必要です。

　次の写真は、窓ガラスに発生した表面結露による水です。表面結

露は入居者が認識できるため、対処もされやすいのですが、壁体内結露の場合には、目に見えないだけに、放置される結果になります。最近の建物は、気密性を重視した建物でなくても、サッシや石膏ボードを使用するだけで、それなりに気密となり、壁体内に浸入した湿気は、簡単には蒸発しません。壁体内は短期間に劣化することになります。

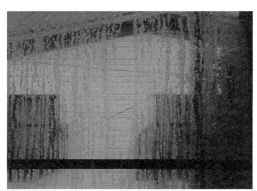

写真1　窓ガラスに発生する多量の表面結露水

写真2　床下の給水管に結露によるカビ。調湿のため、炭を置いている

写真3　壁体内の結露

6-3 中性化

　コンクリートは、水和反応の際に生成する水酸化カルシウムのために、pH12.5程度の強いアルカリ性を示します。アルカリ性の中の鉄筋は酸化皮膜で覆われ、錆びません。コンクリートは表面で空気中の二酸化炭素（CO_2）と反応し、中性の炭酸カルシウムになります。徐々にアルカリ性を失い、中性化が進行します。

　　$Ca(OH)_2 + CO_2 \rightarrow CaCO_2 + H_2O$

　中性化が鉄筋表面まで進行すると、発錆条件が整い、鉄筋が錆びはじめます（ただし、環境が悪くなければ、一気に発錆することはありません）。錆びた鉄筋は体積が膨張します。やがてコンクリートのかぶり厚さ部分はひび割れ・剥落し、水・炭酸ガスの浸入が容易になり、鉄筋の腐食が激しくなります。また、ひび割れは、鉄筋の位置に沿って発生するのです。

　コンクリートが中性化すると、鉄筋の錆びを助長しますが、コンクリート圧縮強度自体には影響を及ぼしません。構造体の組織が緻密である場合は、水セメント比が小さいほどコンクリート内部に二酸化炭素が供給されにくいため、中性化の進行が遅れます。

　中性化の進行は、CO_2濃度に比例します。外気のCO_2濃度は0.03％、室内のCO_2濃度は人間の呼気により、0.1％とされています。CO_2濃度は室内側の方が外気よりも高いために、室内の方がより中性化が進行します。最悪の条件下で基準を設定するため、室内空間を想定してかぶり厚さの基準をつくります。基礎部分の中性化要因のCO_2濃度は、外気と直接に接するか、床下空間を経由して、間接的に外気と接するために、室内空間よりははるかに低いのです。

6-4 エフロレッセンス現象を少なくするには

　モルタル・コンクリート・レンガなどの表面に白い粉状物質が付着することがあります。この現象を**エフロレッセンス（白華、鼻垂れ）**と呼びます。セメントの中の可溶成分を溶解した溶液が、セメント硬化中に、内部の空隙を通って表面に移動し、空気中のCO_2と反応したものです。「6-3 中性化」では、コンクリートの中性化現象を化学式で、$Ca(OH)_2 + CO_2 \rightarrow CaCO_2 + H_2O$ と示しましたが、エフロレッセンスも全く同じ化学式になります。

　エフロレッセンスは中性化と同じ劣化現象の一つですが、強度低下などの問題はなく、生成物も無害です。発生場所は外部の目立つところであり、見苦しく嫌われることが多いですが、あくまでも見栄えの問題です。

　この現象はコンクリートが水のあるところで空気中のCO_2と反応したものです。エフロレッセンスを防止するには、裏側から水が浸入しないようにすることが必要で、施工上の配慮が必要になります。

　外気に接する以上は、エフロレッセンスを完全に防止することは難しいものです。防水対策としては、雨がかからないよう、雨水が浸入しないよう、水はけをよくするなどの配慮が必要です。原則的にエフロレッセンスは雨水の浸入により発生するものですから、乾いたり濡れたりを繰り返す場所が発生しやすい箇所です。それに対して、水の中や常に濡れている部分では起こりません。

　エフロレッセンスが発生してしまったら、きれいに洗い落としてから、撥水剤の塗布などを行いますが、抜本的には、水がまわらない施工をしておくことです。

写真1 発生したエフロレッセンス

6-5 ひび割れと補修

(1) ひび割れ

コンクリートのひび割れを見て、即「不具合建物」と評価する建築主は多いです。コンクリートのひび割れの原因・要因は複雑で、複数の原因が互いに影響しあって発生します。複数の原因の中から、ひび割れの主原因を推定することは、ひび割れの補修を行うに当たり重要で、主原因をふまえて、補修の必要性の有無や、適切な補修方法を検討する必要があります。

ひび割れにはセメントの異常な凝結・膨張、温度ひび割れ、沈みひび割れ、コールドジョイント、初期ひび割れ、初期凍害によるひび割れ、乾燥収縮ひび割れ、凍結融解ひび割れ、鉄筋発錆によるひび割れ、アルカリ骨材反応によるひび割れなどがあります。

通常の建物でおこる、コンクリートのひび割れ原因は、主として、不同沈下による構造的なひび割れと、乾燥収縮によるひび割れが考えられます。構造的なひび割れについては、まず不同沈下の進行を止めることが前提条件となります。建物の下部は、薬液注入、地盤改良などで固めてから、固めた地盤を反力としてジャッキアップを行います。さらに、薬液注入は、水平具合を確保しながら行います。

乾燥収縮によるひび割れは実に多く発生します。コンクリートは水を使う湿式材料である以上、乾燥収縮を伴い、ひび割れ発生の可能性が高くなります。現実に問題となるコンクリートのひび割れのほとんどが乾燥収縮によるものと言えます。これは通常に発生する現象であり、特殊な事例ではありません。乾燥収縮ひび割れを発生させないようにすることはむしろ困難であると言えます。

基礎立ち上がり部では、上部にひび割れが大きく、下部になるほどひび割れ幅は小さくなります。通常、地面よりも下の部分は、土に覆われて湿潤状態にあり、乾燥しにくいため、ひび割れが少なくなります。

　コンクリートの乾燥収縮が落ち着くには、3～4年かかるといわれていますので、コンクリートから水分が抜けきるには、時間が必要です。コンクリートのひび割れを放置すると、CO_2や水分が浸入するため、中性化の進行が加速されます。

　基礎スラブの乾燥収縮によるひび割れの発生は、次の様なメカニズムと推定されます。

　基礎には、土台パッキンによる全周換気、メンテナンスのための人通口（点検口）が設置されています。基礎スラブの上部は、その通風による乾燥が促進される状態です。基礎スラブ上部が乾燥収縮するのに対し、基礎スラブ下部は、直接土に接しているので、乾燥収縮を起こしにくい状態です。この基礎スラブ上下面のたわみの差によって、基礎スラブが自由変形を起こすとすれば、基礎スラブは下側に凸の湾曲をすることになりますが、下側には土がある為、湾曲しにくいのです。すなわち、基礎スラブ上部は収縮した変形分だけ引き伸ばされるため、ひび割れが入ることになります。そのひび割れの入り方は、通常の壁の乾燥収縮ひび割れと同様"縦横"に入るはずです。

(2) ひび割れの補修

　コンクリートのひび割れの対処方法としては、「エポキシ樹脂の注入工法」が多く採用されています。JASS 5では、コンクリート打込み後の不具合とその補修方法について、乾燥収縮ひび割れに対し

て、エポキシ樹脂注入及びポリマーセメントをVカット、Uカットの上に充填するとしています。

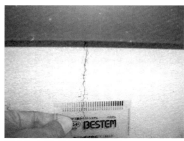

写真1　基礎コンクリートに発生した乾燥収縮ひび割れ

　㈳日本コンクリート工学会の『コンクリートのひび割れ調査・補修・補強指針』に、コンクリート構造物において、ひび割れを100％なくすことは不可能であり、施工時の許容ひび割れ幅として、一般的なコンクリート構造物で、ひび割れ幅は0.3mm未満に抑制すべきであるとされています。劣化・経年変化によるひび割れでは、コンクリートの耐久性から見た場合、補修の必要があるひび割れ幅を一般的な条件では0.3mm以上としています。

　エポキシ樹脂の注入により、ひび割れしていないコンクリートと同等以上の強度になるとされています。0.3mm未満のひび割れでは、水・空気が浸入しにくいため、特に対策をとらないことも多いです。

　住宅の基礎のひび割れ補修は、一般に自動式低圧エポキシ樹脂の注入工法が採用されています。エポキシ樹脂は、ひび割れの進行が落ち着いてから注入することが重要です。

参考文献

[書籍]
- 岡田清・六車熙『コンクリート工学ハンドブック』朝倉書店、1981
- 亀田泰弘・伊藤秀夫・柿﨑正義・吉信正弘『建築施工』鹿島出版会、1996
- 亀田泰弘・柿﨑正義『実用本位 生コン／使い方の要点』セメント協会、1988
- 柿﨑正義「施工の不具合による手直しに関する委員会資料」『高耐久性鉄筋コンクリート造』5章、㈳日本建築学会、1991
- 建設省住指初第142号「コンクリートの耐久性確保に係わる措置について〈通知〉」1986.6.2
- 建設大臣官房技術調査室監修、国土開発技術研究センター建築物耐久性向上技術普及委員会編『鉄筋コンクリート造建築物の耐久性向上技術』技報堂出版、1986
- 国土交通省中国地方整備局『監督職員のための豆知識（コンクリート編）』2008
- 「コンクリート技術 達人への道」編集委員会『コンクリート技術 達人への道 入門編』セメントジャーナル社、2009
- 東京都都市計画局建築指導部「コンクリート中に含まれる塩化物の総量規制実施要項」1987.4.1
- 東京都防災・建築まちづくりセンター『建築工事施工計画等の報告と建築材料試験の実務手引』2011
- 土木学会『コンクリート標準示方書』2007
- 日本建築学会『建築工事標準仕様書・同解説 JASS5 鉄筋コンクリート工事』2015
- 日本建築学会『建築物の耐久計画に関する考え方』1988
- 日本建築学会『流動化コンクリート施工指針・同解説』1983
- 日本建築学会『流動化コンクリートの技術の現状』1980
- 日本建築学会『暑中コンクリートの施工指針・同解説』2000
- 日本建築学会『型枠の設計・施工指針案』1988
- 日本建築学会『コンクリートポンプ工法施工指針・同解説』2009
- 日本建築総合試験所『コンクリート工事の実務 2010年度版』2010
- 日本コンクリート工学協会『コンクリート便覧 第二版』1996
- 米国開拓局編、近藤泰夫訳『コンクリートマニュアル』国民科学社、1956
- 松藤泰典『循環建築学講座』松藤泰典先生定年退職記念事業会、2005

[論文]
- 小島ほか「流動化コンクリートの流動化効果に関する実験的研究」『日本建築学会大会学術講演梗概集』1981
- 永井康叔ほか「型枠バイブレーターの適正利用に関する研究（その1）」『日本建築学会大会学術講演梗概集』1986
- 藤井忠義ほか「コンクリートの振動締固めに関する実験的検討（その2）」『日本建築学会大会学術講演梗概集』1984
- 星実ほか「高性能減水剤を用いた高流動コンクリートの研究 1～3報」『日本建築学会大会学術講演梗概集』1977
- 国府勝郎ほか「骨材の品質と有効利用に関する研究委員会報告」『コンクリート工学年

次論文集』Vol.29、No.1、2007
- 後藤年芳ほか「硬化コンクリート中の塩化物イオン含有量の現場迅速測定法の検討」『コンクリート工学年次論文集』Vol.31、No.1、2009
- 飯岡豊・豊橋俊泰「コンクリートの強度及び耐久性に及ぼす骨材粒の特質」『セメント技術年報』No.31、セメント協会、1977
- 和泉意登志・岡本公夫「建築施工の展開」『セメント・コンクリート』No.500、1988
- 池田正志「コンクリート打込みから脱型までの実施要領―建築」『コンクリート工学』Vol.20、No.3、1982
- 亀田泰弘監修「実践 建築工事検査Ⅱ 鉄筋工事・型枠工事・コンクリート工事」『建築技術増刊2』No.463、1989
- 柿﨑正義「もし工事中に雨が降り出したらどうすればよいのですか」『コンクリート工学』Vol.19、No.2、1981
- 御所窪邦男ほか「減水剤の新しい使用方法について(その3)」『日曹マスタービルダース研究所報』No.3、1980
- 岸谷・兒玉ほか「流動コンクリートの基礎的物性に関する実験的研究」『第32回セメント技術大会資料』1978
- 毛見寅雄「建築施工の展開」『セメント・コンクリート』No.500、1988
- 建材試験センター「コンクリートの基礎講座Ⅰ材料編」『建材試験情報』2013
- 白山和久「コンクリート調合設計の発展」『コンクリート工学』Vol.35、No.4、1997
- 武田一久「流動化コンクリート」『建築技術』No.317、1978
- 立沢卓郎ほか「高流動化剤を用いた高級コンクリートの施工」『施工』No.138、1977
- 土居松市・坂口芳三郎「コンクリート強度試験報告」『建築雑誌』No.364、1916
- 十河茂幸「基礎講座 コンクリート施工のポイント②」『DOBOKU技士会東京』No.52、2012
- 友沢史紀・福士勲「流動化コンクリート」『コンクリート工学』Vol.18、No.7、1980
- 長滝重義・中山紀男・白山和久「コンクリート技術基礎教室 やさしいコンクリートの知識(その9) 配合(調合)」『コンクリート工学』Vol.16、No.12、1978
- 服部健一「特殊減水剤の物性と高強度発現機構」『コンクリート工学』Vol.14、No.3、1976
- 浜幸雄・濱田英介ほか「高強度・高流動コンクリートの耐凍害性に及ぼす凍結融解試験前の養生条件の影響」『セメント・コンクリート論文集』No.56、2002
- 平賀友晃・倉林清「コンクリート工事の施工管理とその実務」『施工』No.144、1978
- 藤田康彦「コンクリート用混和材料の常識 第3回 AE剤・減水剤・AE減水剤(その1)」『コンプロネット実学講座』2000
- 枡田佳寛「フレッシュコンクリートの塩化物含有量の試験方法」『コンクリート工学』Vol.25、No.2、1987
- 吉田辰夫「コンクリート施工法―その移り変り―その1」『コンクリート工学』Vol.13、No.5、1980

おわりに

　通常、建物の基礎は鉄筋コンクリート造ですので、建築に関わる技術者にとって、コンクリートの関連知識をマスターすることは必須条件です。本書が少しでも知識習得の一助になり、仕事のヒントになれば幸いです。

　コンクリートは、その材料としての特性から、乾燥収縮を伴い、ひび割れ発生の可能性も高く、さらに現場で職方が施工するために施工誤差も生じます。現場では、職方に対する適正な指示、建築主に対する説明を必要とします。それには技術者としてのモラルも必要です。建築では多くのトラブルが発生することもあり、その原因の多くはコミュニケーション不足です。技術者は技術に関する知識だけでなく、他にも配慮しなければならない点が多くあります。

　建物の長寿命化が求められている現在、建築技術者の使命として、適正な建物を建設すると同時に、建築主に対する適正なアドバイスをすることが挙げられますが、仕事が忙しいという理由でこれを省略すると思いがけない建築紛争に発展することがあります。技術者は、自らのキャリアプランの中で、技術系の勉強を中断することのないように願ってやみません。

謝辞

　日本建築協会出版委員会の毎月の定例会議で、原稿の進捗状況を確認しながら、西博康委員長はじめメンバー各位から、貴重な助言をいただき、感謝しております。

　学芸出版社編集部の岩崎健一郎氏には、ながらく出版に向けて、多くの提案をいただきました。本書の誕生にあたり、皆様方に深く感謝しお礼申し上げます。ありがとうございました。

著者紹介

柿﨑正義 (かきざき まさよし)

長野県千曲市出身、環境・施工設計プロデューサー。明治大学大学院博士課程修了。鹿島建設㈱技術研究所で収縮ひび割れ防止の設計法、人工軽量骨材コンクリート・超高強度コンクリートの施工設計法の開発などの技術開発ならびに超高層霞が関ビルを始め、国内・外の建物に携わる。芝浦工業大学、明治大学、共立女子大学などで非常勤講師を歴任。2000年より東京地方裁判所 調停・鑑定委員、専門委員。2014年よりアンコール・ワット西参道修復委員会委員。現在は㈱スマート建築研究所代表取締役。

資格：工学博士、技術士（建設部門）、一級建築士、監理技術者。
業績：学・協会では委員・委員長として広く活躍。㈳日本建築学会1990年学会賞（論文賞）受賞、同学会より名誉司法会員を授与、㈳日本コンクリート工学協会 特別功績賞と名誉会員を授与、㈳日本鉄筋継手協会 功績賞授与。
共著：『建築工事標準仕様書・同解説』（JASS 5）と関連指針類、『ビル解体工法』『実用本位 生コン／使い方の要点』『建築施工』『建築紛争ハンドブック』『戸建て住宅を巡る建築紛争』『集合住宅を巡る建築紛争』等。

玉水新吾 (たまみず しんご)

京都市生まれ、名古屋工業大学建築学科卒業後、大手住宅メーカーにて、技術系の仕事全般を34年経験。現在、1級建築士事務所「ドクター住まい」主宰、大阪地裁民事調停委員。
HP ：ドクター住まい
http://doctor-sumai.com/

資格：1級建築士・1級建築施工管理技士・1級土木施工管理技士・1級造園施工管理技士・1級管工事施工管理技士・宅地建物取引主任者・インテリアプランナー・インテリアコーディネーター・コンクリート技士・第1種衛生管理者
著書：『現場で学ぶ住まいの雨仕舞い』『建築主が納得する住まいづくり』『写真マンガでわかる建築現場管理100ポイント』『写真マンガでわかる住宅メンテナンスのツボ』『写真マンガでわかる工務店のクレーム対応術』（学芸出版社）、『DVD 講座 雨漏りを防ぐ』（日経BP社）、『住宅施工現場のかんたんCIS (近隣対策編)』（PHP研究所）

●マンガ

阪野真樹子 (ばんの まきこ)

神戸女学院大学卒業。大手住宅メーカー勤務後、イラストレーターとして活躍。

〈プロのノウハウ〉
建築現場のコンクリート技術

2016年 7月 1日　第1版第1刷発行

企　　　　画	………	一般社団法人 日本建築協会
		〒540-6591
		大阪市中央区大手前1-7-31-7F-B
著　　　　者	………	柿﨑正義・玉水新吾
		(マンガ：阪野真樹子)
発　行　者	………	前田裕資
発　行　所	………	株式会社 学芸出版社
		〒600-8216
		京都市下京区木津屋橋通西洞院東入
		電話 075-343-0811
印　　　　刷	………	創栄図書印刷
製　　　　本	………	山崎紙工
装　　　　丁	………	KOTO DESIGN Inc. 山本剛史

JCOPY 〈(社)出版者著作権管理機構委託出版物〉
本書の無断複写(電子化を含む)は著作権法上での例外を除き禁じられています。複写される場合は、そのつど事前に、(社)出版者著作権管理機構(電話 03-3513-6969、FAX 03-3513-6979、e-mail: info@jcopy.or.jp)の許諾を得てください。
また本書を代行業者等の第三者に依頼してスキャンやデジタル化することは、たとえ個人や家庭内での利用でも著作権法違反です。

Ⓒ Masayoshi Kakizaki, Shingo Tamamizu 2016
ISBN978-4-7615-2625-2　　　　　　Printed in Japan

好評既刊

〈プロのノウハウ〉
現場で学ぶ 住まいの雨仕舞い

玉水新吾 著　　　　　　　　　　　　　　　　　　　四六判・224頁・定価 本体2000円+税

建築主の信頼を最も失うトラブルは、雨漏りである。漏らなくて当たり前にもかかわらず、実際には大変多い欠陥の一つであるように、雨仕舞いは常に住宅の課題だ。本書では、ベテラン技術者が木造住宅の豊富なトラブル事例をもとに、雨漏りのしにくいデザイン、危険部位における雨の浸入対策等、雨漏りしない家づくりのノウハウを公開する。

〈プロのノウハウ〉
建築主が納得する住まいづくり　Q&Aでわかる技術的ポイント

玉水新吾 著　　　　　　　　　　　　　　　　　　　四六判・224頁・定価 本体1900円+税

建築主が大満足する家づくりとは。住宅メーカーのベテラン技術者が、現場で経験したクレームやトラブルの事例より、家を建てるときに、建築主に説明して念押ししたほうがよいポイントや、着工までに納得してもらうべき事項をあげ、その対応や配慮を工程にそって解説した。現場マン必読!!　顧客満足度アップ、クレームゼロの方法。

〈プロのノウハウ〉
写真マンガでわかる 建築現場管理100ポイント

玉水新吾 著／阪野真樹子 イラスト　　　　　　　　　四六判・224頁・定価 本体1900円+税

整理整頓の励行、手抜きのできない現場の実現によって、職人のマナー向上やコストダウン、クオリティの高い仕事をめざそう。本書では、実際の建築現場に見られる管理の悪い例を写真マンガで指摘。その現場の問題点と改善のポイントを解説し、管理のゆき届いた良い例もビジュアルで明示した。現場管理者必携のチェックブック。

〈プロのノウハウ〉
写真マンガでわかる 工務店のクレーム対応術

玉水新吾・青山秀雄 著／阪野真樹子 イラスト　　　　四六判・220頁・定価 本体2000円+税

住宅建設需要が減退し、施主一人ひとりとの長期的な関係づくりが重要となるなか、施主の満足度を高めるために工務店は何をすべきなのか？　本書は、施主とのコミュニケーション不足から生まれるよくあるクレームを網羅し、正しい事前説明とクレーム発生後の対応をわかりやすく解説。選ばれる工務店になるためのヒントが満載！

写真マンガでわかる 住宅メンテナンスのツボ

玉水新吾・都甲栄充 著／阪野真樹子 イラスト　　　　A5判・248頁・定価 本体2800円+税

ストックの時代を迎え、長期間にわたり住宅メンテナンスを担える人材のニーズは高まる一方だ。本書は、敷地・基礎から、外壁・屋根・小屋裏・内装・床下・設備・外構に至るまで、住宅の部位別に写真マンガでチェックポイントと対処法、ユーザーへのアドバイスの仕方をやさしく解説。住宅診断・メンテナンス担当者必携の1冊。